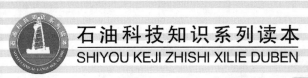

石油科技知识系列读本
SHIYOU KEJI ZHISHI XILIE DUBEN

石油

测井

Well Logging in Nontechnical Language

作者：David E.Johnson & Kathryne E.Pile
翻译：曹文杰 吴剑锋 高淑梅

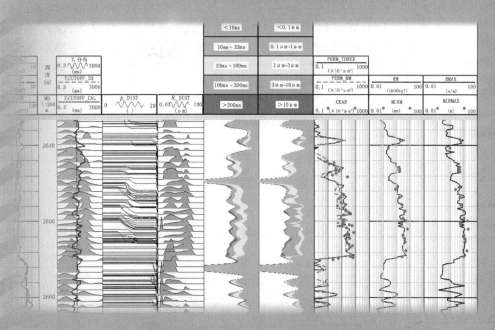

石油工业出版社

内 容 提 要

本书用浅显易懂的语言，辅以实例，讲述了测井的发展、测井方法、测井解释，及在工业和生活中的应用，并辅有应用实例。

本书可供从事石油测井专业的科研和工程技术人员、地质人员、野外工作人员、勘探管理人员、大学本科生、研究生参考。

图书在版编目（CIP）数据

石油测井 /（美）David E. Johnson 等著；曹文杰，吴剑锋
高淑梅译 . —北京：石油工业出版社，2009.12
（石油科技知识系列读本）
书名原文：Well Logging
ISBN 978−7−5021−7387−6

Ⅰ . 石…
Ⅱ . ① D…②曹…③吴…④高…
Ⅲ . 油气测井
Ⅳ . TE151

中国版本图书馆 CIP 数据核字（2009）第 165991 号

本书经 PennWell Publishing Company 授权翻译出版，中文版权归石油工业出版社所有，侵权必究。著作权合同登记号：图字 01−2002−3655

出版发行：石油工业出版社
　　　　　（北京安定门外安华里 2 区 1 号　100011）
网　　址：www.petropub.com.cn
发 行 部：(010) 64523620
经　　销：全国新华书店
印　　刷：石油工业出版社印刷厂

2009 年 12 月第 1 版　2010 年 10 月第 2 次印刷
787×960 毫米　开本：1/16　印张：14.25
字数：230 千字

定价：38.00 元

丛书序言

　　石油天然气是一种不可再生的能源，也是一种重要的战略资源。随着世界经济的发展，地缘政治的变化，世界能源市场特别是石油天然气市场的竞争正在不断加剧。

　　我国改革开放以来，石油需求大体走过了由平缓增长到快速增长的过程。"十五"末的 2005 年，全国石油消费量达到 3.2 亿吨，比 2000 年净增 0.94 亿吨，年均增长 1880 万吨，平均增长速度达 7.3%。到 2008 年，全国石油消费量达到 3.65 亿吨。中国石油有关研究部门预测，2009 年中国原油消费量约为 3.79 亿吨。虽然增速有所放缓，但从现在到 2020 年的十多年时间里，我国经济仍将保持较高发展速度，工业化进程特别是交通运输和石化等高耗油工业的发展将明显加快，我国石油安全风险将进一步加大。

　　中国石油作为国有重要骨干企业和中央企业，在我国国民经济发展和保障国家能源安全中，承担着重大责任和光荣使命。针对这样一种形势，中国石油以全球视野审视世界能源发展格局，把握国际大石油公司的发展趋势，从肩负的经济、政治、社会三大责任和保障国家能源安全的重大使命出发，提出了今后一个时期把中国石油建设成为综合性国际能源公司的奋斗目标。

　　中国石油要建设的综合性国际能源公司，既具有国际能源公司的一般特征，又具有中国石油的特色。其基本内涵是：以油气业务为核心，拥有合理的相关业务结构和较为完善的业务链，上下游一体化运作，国内外业务统筹协调，油公司与工程技术服务公司等整体协作，具有国际竞争力的跨国经营企业。

　　经过多年的发展，中国石油已经具备了相当的规模实力，在国内勘探开发领域居于主导地位，是国内最大的油气生产商和供应商，也是国内最大的炼油化工生产供应商之一，并具有强大的工程技术服务能力和施工建设能力。在全球500家大公司中排名第25位，在世界50家大石油公司中排名第5位。

尽管如此，目前中国石油仍然是一个以国内业务为主的公司，国际竞争力不强；业务结构、生产布局不够合理，炼化和销售业务实力较弱，新能源业务刚刚起步；企业劳动生产率低，管理水平、技术水平和盈利水平与国际大公司相比差距较大；企业改革发展稳定中的一些深层次矛盾尚未根本解决。

党的十七大报告指出，当今世界正在发生广泛而深刻的变化，当代中国正在发生广泛而深刻的变革。机遇前所未有，挑战也前所未有，机遇大于挑战。新的形势给我们提出了新的要求。为了让各级管理干部、技术干部能够在较短时间内系统、深入、全面地了解和学习石油专业技术知识，掌握现代管理方法和经验，石油工业出版社组织翻译出版了这套《石油科技知识系列读本》。整体翻译出版国外已成系列的此类图书，既可以从一定意义上满足石油职工学习石油科技知识的需求，也有助于了解西方国家有关石油工业的一些新政策、新理念和新技术。

希望这套丛书的出版，有助于推动广大石油干部职工加强学习，不断提高理论素养、知识水平、业务本领、工作能力。进而，促进中国石油建设综合性国际能源公司这一宏伟目标的早日实现。

2009 年 3 月

丛书前言

为了满足各级科技人员、技术干部、管理干部学习石油专业技术知识和了解国际石油管理方法与经验的需要，我们整体组织翻译出版了这套由美国 PennWell 出版公司出版的石油科技知识系列读本。PennWell 出版公司是一家以出版石油科技图书为主的专业出版公司，多年来一直坚持这一领域图书的出版，在西方石油行业具有较大的影响，出版的石油科技图书具有比较高的质量和水平，这套丛书是该社历时 10 余年时间组织编辑出版的。

本次组织翻译出版的是这套丛书中的 20 种，包括《能源概论》、《能源营销》、《能源期货与期权交易基础》、《石油工业概论》、《石油勘探与开发》、《储层地震学》、《石油钻井》、《石油测井》、《油气开采》、《石油炼制》、《石油加工催化剂》、《石油化学品》、《天然气概论》、《天然气与电力》、《油气管道概论》、《石油航运（第Ⅰ卷）》、《石油航运（第Ⅱ卷）》、《石油经济导论》、《油公司财务分析》、《油气税制概论》。希望这套丛书能够成为一套实用性强的石油科技知识系列图书，成为一套在石油干部职工中普及科技知识和石油管理知识的好教材。

这套丛书原名为"Nontechnical Language Series"，直接翻译成中文即"非专业语言系列图书"，实际上是供非本专业技术人员阅读使用的，按照我们的习惯，也可以称作石油科技知识通俗读本。这里所称的技术人员特指在本专业有较深造诣的专家，而不是我们一般意义上所指的科技人员。因而，我们按照其本来的含义，并结合汉语习惯和我国的惯例，最终将其定名为《石油科技知识系列读本》。

总体来看，这套丛书具有以下几个特点：

(1) 题目涵盖面广，从上游到下游，既涵盖石油勘探与开发、工程技术、炼油化工、储运销售，又包括石油经济管理知识和能源概论；

(2) 内容安排适度，特别适合广大石油干部职工学习石油科技知识和经济管理知识之用；

(3) 文字表达简洁，通俗易懂，真正突出适用于非专业技术人员阅读和学习；

(4) 形式设计活泼、新颖，其中有多种图书还配有各类图表，表现直观、可读性强。

本套丛书由中国石油天然气集团公司科技管理部牵头组织，石油工业出版社具体安排落实。

在丛书引进、翻译、审校、编排、出版等一系列工作中，很多单位给予了大力支持。参与丛书翻译和审校工作的人员既包括中国石油天然气集团公司机关有关部门和所属辽河油田、石油勘探开发研究院的同志，也包括中国石油化工集团公司江汉油田的同志，还包括清华大学、中国海洋大学、中国石油大学（北京）、中国石油大学（华东）、大庆石油学院、西南石油大学等院校的教授和专家，以及BP、斯伦贝谢等跨国公司的专家学者等。需要特别提及的是，在此项工作的前期，从事石油科技管理工作的老领导傅诚德先生对于这套丛书的版权引进和翻译工作给予了热情指导和积极帮助。在此，向所有对本系列图书翻译出版工作给予大力支持的领导和同志们致以崇高的敬意和衷心的感谢！

由于时间紧迫，加之水平所限，丛书难免存在翻译、审校和编辑等方面的疏漏和差错，恳请读者提出批评意见，以便我们下一步加以改正。

《石油科技知识系列读本》编辑组
2009 年 6 月

致　谢

　　非常感谢各大测井公司的帮助，特别是贝克阿特拉斯公司的 Andy Shaw，哈里伯顿公司的 Dave Gerrie、Furman Kelley，斯伦贝谢公司的 Lisa Silipigno、Dwight Peters，Tpco Production 公司的 Dale Walker 和斯伦贝谢公司的退休员工 Edward Schaul。没有他们的帮助和鼎立支持，就不可能完成此书。

致 读 者

如果你对测井感兴趣，或者如果你从事测井工作但对它了解不多，那么本书很适合你。对那些间接利用测井曲线者如银行家、租地人、地质学家和工程技术人员、职员、助理和秘书等而言，用非专业术语编写的《测井技术》是一本实用的基础教科书。当他们在日常工作中遇到测井曲线时，此书有助于他们理解这些波浪式的曲线。

在开始学习之前，先讨论一下你的需求。你对测井的哪些方面感兴趣？你为什么想了解测井？你想知道多少内容？你用这些信息打算做什么？最重要的是，你希望从本书中学到什么？希望通过阅读它成为测井解释的专家呢？还是仅仅希望规避风险？

很显然，只有你自己才能够回答上述那些问题。如果你仅仅是临时或偶尔对测井感兴趣，那么你就选对了书。也许你已坐在会议桌旁，与那个一手做记录，另一只手在抽雪茄烟的人在一起，听他发誓说他的测井曲线能证明这是终生难遇的机会。另一方面，你可能日复一日地保存和处理测井曲线，却对曲线所显示的信息有着模糊不清的想法。你可能不想成为一名石油地质家、工程师或测井分析家。然而，你想储备测井方面的知识作为坚实的背景，以便你能做出更令人满意的商业决定，那么本书将会对你有很大帮助。

你能从本书学到什么？读完本书你将熟悉目前常用的测井种类——钻井液录井、裸眼井和套管井电缆测井、计算机生成的测井曲线和随钻测井曲线。你将熟悉根据裸眼井测井中最常测的项目来识别储层和非储层。另外，遇到更复杂的问题时，你知道如何去寻求帮助。尽管你不是专家，你也能提出合适的问题。信息充足时你知道如何决策，更重要的是，信息不足时你也知道如何处理。

本书不是关于这个题目的最新论述，它只是对一个相当复杂的技术性专题做一个初步的入门解释。如果你想根据一组测井曲线所包含的信息来做出重要决定，你能从本书中获得帮助。当你手头有钱希望获得一组测井曲线的正确解释时，可以从测井分析咨询专家或是从几个大测井公司内从事测井分析和销售的专家那里寻求建议。

关于测井曲线应用的第二个词是谨慎。我们几乎不能直接测量到我们正在寻找的油气，而是根据其他参数的复杂的测量值进行推断和做出最好的猜测。根据这些推断，我们用公式计算出解释结果。但是要好好想一想，如果测井总是预测很成功，如果人们能很完美地解释它，如果测井仪器从不出错，那么测井公司就不需要所有与解释相关的免责条款了。

什么是免责条款？实质上，它说明在一个不完美的世界里生活着充满了善意但有时可笑的人们；机器和电子仪器有时会出错；解释偶尔会失误。公司会告诉你并强调任何钻井作业都有高风险。测井公司和测井分析家（权威）完全不用为这些失误而导致的任何损失而感到羞愧。我们同意这些观点。

像这样的一本书，这样一本试图用非专业术语介绍技术性较强的题目的书，绝不可能像该专业领域的技术处理一样准确和精确。本书是相当精确和过于简化之间的折中。我们希望达到解释准确但很简化这样一个中间层面。我们经常删掉或大大简略仪器设计原理和计算程序，而仅仅提供目前所常用的解释方法中的几种。就像前面陈述的，我们不能让测井分析家脱离读者，相反，我们想让读者了解这个过程。

本书主要针对石油行业。油气测井占据了测井行业的大部分，除此之外，测井大家族中还有其他分支。一个正在成长的分支是矿物勘探中应用测井技术评价矿藏。测井在土木工程中同样发挥作用，例如，研究著名的 SanAndreas 断层，评价环境影响，监测废物处理场所，科技调查（许多测井技术被联邦政府用于监控和评估正在实验的地下核武器的炮眼）。这些行业所用的测井类型和石油测井大致相同。尽管你的特别用途可能未被涉及，但是本书介绍的是你可能会用到的测井技术。

本书中的例子主要来自美国，不是因为只有他们独有，而是基于取材方便。一个例子也就是为了证明一个观点而已。没有必要为了应用这里介绍的方法，到世界某一个特定地方去寻找涵盖每一个地理省份的例子。本书所用的测量单位采用测井实例所用的单位为英制。许多测井公司用公制单位，但这可能对读者意义不大，因为测量单位经常会被标注在图头或刻度上。

不管你对测井是否有兴趣，也不需考虑你在哪里使用，也不管你选择哪种测量系统，本书会使你开始对石油测井有所了解。

David E.Johnson

Kathryne E.Pile

目　　录

1 测井简介

就以测井是什么和它是如何得名开始吧！有一个故事大致是这样的。石油工业在18世纪左右开始起步时，许多海员因此失业（奇怪吧？由于新生的石油行业和煤油的发展，淘汰了使用鲸鱼油而导致海员被解雇）。因为海员习惯于借助缆绳登高工作，他们自然能登上油田铁架塔。

随着海员涌入油田，他们带来了许多航海的表达方式，这是为什么钻井井架及其设备被称做"船具"（rig），管架称作"桅杆"（mast），值班室被叫做"狗屋"（doghouse），并且记录被保存在"资料柜"（knowledge box）里，术语测井（log）是航行日志的另一种表示方法。

几乎每个人都听说过船长写的航海日志，它是按照年月顺序记录船只在海上所发生的事情，记录钻井中发生的事情就是钻井日志，因为油公司对钻井钻开地层时所发生的事情很感兴趣，钻井日志通常是按深度而不是按时间记录的。

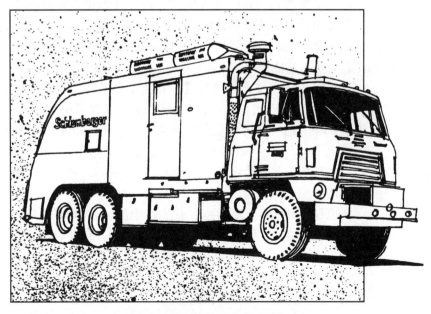

图 1-1 电测车携带车载计算机和能
测量井深达 25000ft 的测井电缆

在石油工业初期，钻井日志实际上是所能获得的有关地下地层的唯一信息。钻井日志记录了从井下返回的岩石类型，每小时钻进多少英尺，油或气的流量，设备故障，卡钻事故和任何影响到评价井的其他资料。今天，log 的意思已经延伸到按纵向深度（时间）记录的任何用曲线或文字记录的资料。

人们所提及的测井通常是指使用电缆测井车和仪器记录的裸眼井信息（图 1-1）。logs 也可指钻井日志、钻井液录井，计算机生成的测井曲线以及随钻测井曲线。

1.1　我们为什么要测井？

我们为什么要进行测井？它能告诉我们什么重要的东西？

斯伦贝谢公司在 19 世纪 60 年代有一句广告语是："……测井是石油工业的眼睛。"这句广告语恰当地描述了测井的重要性。地质家和工程师设法想象一口井的下面正在发生什么时，的确是在盲目地工作。一层层的沉积物经过年代变迁逐渐堆积，不断形成又变化，以至于我们无法准确地猜测到我们脚下到底是什么。

在测井之前，钻井工人仅仅有钻井日志和邻井的信息，这些信息在过去和现在都是非常重要和有用的，但是它仍留下许多问题要靠"猜和赌"来解决。电缆测井技术为石油地质学家和工程师们点亮了一盏明灯。特别是它能提供如下信息：

地层顶部深度、地层厚度、孔隙度、温度、钻遇的地层类型（泥岩、砂岩、石灰岩、白云岩）、油或气显示、估算的渗透率、储层压力、地层产状（地层倾角和倾向）、矿物识别、胶结指数、水泥与套管的胶结情况、生产井中不同层位的流体类型和流量。

由于新测井方法和老测井方法的新用途不断被开发出来，信息还在不断增加。

但是测井的真正原因是由于它能判定一口井是好还是坏。一口好井具有商业价值，它能生产足够的油或气来回报钻井时的投资，并获得利润。一口坏井就没有商业价值，测井有助于进行这种判定。

当测井开始之前，成千上万的钱已经用于租地、地震研究和钻井。但是，更多的钱还要花费在完井上——下套管、固井、射孔、测试、下生产油管和封隔器，安装井口设备和地面生产设施。如果公司在花数千美元进行完井之前，能确定这口井不具有生产价值，那么它能使损失降到最低。就像（扑克牌）赌博，失败后投入巨资是毫无意义的。

测井帮助我们确定正在钻入的地层是否存在具有商业价值的油、气储层。这样，可以使对坏井的投资成本降到最低。对于好井来说，测井也可以告诉我们油气层所处的深度、储量和是否有多个层具有开采价值。

1.2　谁在用测井曲线？为什么要用？

实际上，石油工业中的大部分人或多或少都会用到测井曲线（图1-2）。当然在钻井和完井过程中需要决策的人也要用到。

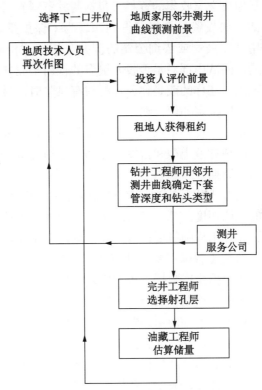

图 1-2　实际上石油工业界人人利用测井曲线

测井几乎可用于勘探和生产的全过程，我们看一下独立公司（一个与石油有关的，但不与具有生产、炼制和营销能力的主要的、有影响的超级公司相接触的公司）所做的钻井方案。一个独立公司的规模可以拥有几百万资产和几百名雇员，也可以是由几个有不同专业经验的人组成的小团体，或者说只有一个人，一个独立公司也可以是为了一纸钻井合同而组合在一起的几个人。这个团队拥有地质学家、租地人、投资人和工程师。

首先，由地质学家评价一个区域，这个评价基于地震资料、现有测井资料、邻井数据、想象和直觉。拥有了这些信息，地质学家做出这个地区的构造图并且建议如何实现这个构想。

租地人主要负责获得地质学家必需的租约，租地人不需要像测井分析家一样懂得如何准确认识测井资料。但是他（她）必须具有一定的测井应用知识，能和土地所有者、银行家、地质学家讨论前景问题。

金融家（中间商，投资人）把合同卖给银行家和投资人时可能会用到地质学家收集的资料（包括测井资料）。买合同的组织有利益需求，例如他们投资是希望获得利润。为了保护投资，银行家和投资人经常利用独立公司或咨询公司的测井分析家评价测井资料。井开钻并测完井后，团队内部对是否投入更多的钱用于完井、封堵和报废井会有不同的观点。在你的或是你公司的钱有风险时，最好对测井解释有充分的了解，可以决定如何行动。

钻井工程师根据邻井的测井信息钻井。从这些信息中，工程师决定要用的钻井液类型和密度，钻遇地层的类型，钻头的类型，下套管深度及钻井周期。

完井工程师主要依赖测井信息决定哪个层具有生产价值和套管射孔的确切深度。基于日报、钻井液录井、各种裸眼井和套管井测井的信息，完井工程师将要进行射孔、测试、作业并最终将这口井投入生产。

油藏工程师用裸眼井测井资料计算原始储量（可采油气量）。储量计算要根据生产数据、压力恢复测试，以及这口井后期可能测的其他测井资料而作周期性更新。

在这一系列使用测井资料的人中有绘制构造图的地质技术人员；那些想知道这口井为什么没有邻井好的矿权所有者；为下一口井提供更好的钻井液的钻井液销售人员；间接利用测井资料作出评估并计算公司净资产的会计师，很多人都依靠测井解释结论。这就是为什么要尽可能多地了解测井的好处。

学习测井的第一步是要知道测井曲线的组成和如何认识它们，让我们从第 2 章开始学习吧。

2 认识测井曲线

在下面的章节中，我们将要介绍石油工业界用到的几种测井项目，有测量地层电阻率的，有确定孔隙度的，还有确定矿物类型的。但是在学习如何根据不同的测井曲线了解地层和油气存在情况之前，我们需要知道怎样找到和如何看懂原始测井资料的五个主要部分：图头、主测井、附图、重复曲线和刻度。

2.1 图 头

当你拿到一口井的测井曲线，通常首先看到的是在测井曲线最上部的一段短的文本框，这段文本框就叫作图头，顾名思义，它放在测井曲线的顶部（或最上部）。图头部分包含有用和通常很关键的信息。图2-1是一张测井曲线的图头部分，其信息说明如下：

①测井公司。

②操作公司（操作员）。

③具体的井信息。井名或井号、矿区或油田名称、法定的位置（指该井所在的地理位置，通常是指镇区范围内的一部分）、海拔高度（通常是指钻台面或方钻杆补心的海拔高度）、测井日期、测时井深、其他辅助信息（钻井液性能、钻头尺寸、套管尺寸、井深）。

④测井种类或类型。

⑤该井其他测井或测量项目。

⑥设备信息。仪器序列号、仪器（零长）间隔、测井车号码、测井车生产厂家。

⑦个人信息。曲线记录员、测井监督。

⑧备注部分。记录在测井过程中的任何非正常情况或偶然现象。

⑨测井曲线刻度和曲线标识。

解释任何一口井时首先要仔细检查图头。这是为什么呢？显而易见，因为你首先需要知道正分析的测井曲线的井名肯定是你要分析的井。然后检查包含在图头信息内的技术信息，确定测井项目和关于这

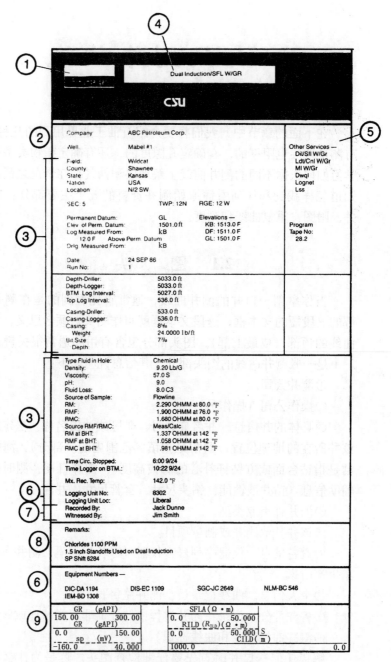

图 2-1　图头提供的信息有井的类型及一些参数
图头被分成了两半，将上半部展开予以说明

口井的其他信息。例如钻井液资料（钻井液电阻率、失水量、密度和黏度）、钻头尺寸、套管下深和完钻井深，通过备注部分了解在测井过程中是否有任何非正常现象发生。最后，看一下是哪个测井公司测井，并不是所有测井公司的测井质量都相同，并且你的某些决定往往要受到你对测井曲线的信任度的影响。所有这些信息对测井解释都是重要的，并且它们能有助于你决定如何处理这口井。

2.2　主　测　井

图头以下就是测井曲线的主测井，它看起来像一张非常长的图，在图上我们可看到测井仪器传输到地面上的信息。在这部分我们将学习纵向刻度和水平刻度。

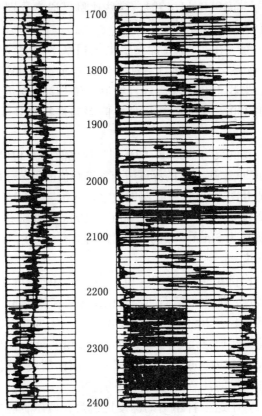

图2-2　纵向比例尺为 1in/100ft（1∶100），
可用于与邻井地层的深度对比

2.2.1 纵向刻度

测井图的纵向刻度或长轴方向表示对应的这口井的深度，即记录地层出现的准确深度，深度栏或深度道是测井图中央用数字表示的纵向间隔，深度数字是以100ft的倍数为间隔来标注，在图上与横向深度线对齐。

深度刻度总是线性的，也就是总能够被均分，就像一把尺子上的均匀刻度，测井深度的比例尺通常是用每100ft的1in、2 in或5 in来划分的，这意味着如果你放一把尺子在任意一口测井图上的深度道上测量任意连续的两个几百英尺深度值（如1600～1700ft），之间的间距也仍可能是2in，即比例尺是用2in/100ft（1∶50），间距是5in时，就是比例尺为5in/100ft（1∶20），这些比例尺通常分别是，每100ft深度在测井图上的距离总是2in和5in。

除了在每100ft深度值上加粗水平深度线外，每1in和2in刻度会有50ft和10ft深度线，如图2-3所示，找到1650ft深度线（线A）。现在如果找1680ft深度线（线B）和1738ft深度线（线C），你就不得不在1730ft和1740ft深度线之间粗略进行划分或内插，估计1738ft的位置。

比例尺为100ft/1in（100∶1）与比例尺为10ft/1in（10∶1）、50ft（50∶1）、100ft/2in（50∶1）的深度线与深度数值的划分相同。如果我们有一5in长的测井图，100ft线有深度数字，50ft与100ft有相同的线（指线的深浅与宽窄），10ft的线要比50ft和100ft的线细些，2ft的线最细。在放大比例尺为5in（1∶20）的测井图上有2ft线，我们能较容易地读出6in的深度。

比例尺为2in/100ft（1∶50）和1in/100ft（1∶100）时被称为对比比例尺。地质学家们使用对比比例尺在较长的井段对几口井的测井曲线进行对比。2in的比例尺通常用于一至两口相邻井的相关对比，而1in的比例尺通常用于构建平面几千米和纵向几千英尺的地层的横剖面。比例尺为5in/100ft（1∶20）又称精细比例尺，因为使用放大比例尺比对比比例尺能注意到更多精细的特征。

除了这三种常用的深度比例尺，偶尔也能看到其他的特殊比例尺，超细比例尺为10in/100ft（1∶10）或25in/100ft（1∶4），这些多用在微电阻率测井或者是裂缝识别测井上，这些井的测量井段较短。

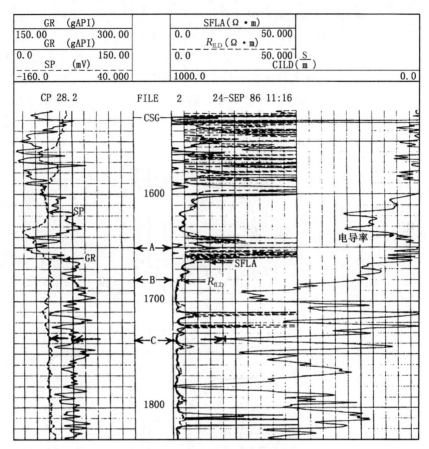

图 2-3　测井比例尺是 2in/100ft

在实际的测井读值中，确定点 A、B、C 的深度

　　深度栏的左边是第 1 道（图 2-3），这道通常叫做 SP（自然电位）道或 GR（自然伽马）道，测量时这两条曲线大多数记录在左道内。深度栏的右边是两个或更多的测量道，第 2 道或第 3 道，各种参数如电阻率、孔隙度和声波时差都记录在这两个道内。后面的章节将会加以探讨。

2.2.2　水平刻度

　　我们已经探讨了纵向刻度（或叫深度比例尺）。现在我们来分析一下水平刻度，它是一种测量刻度。我们必须对测量到的各种地层参数如电阻率和孔隙度，赋予一个值或数，以便在适当的测量道里分配一个测量刻度。水平刻度可能有几种形式。我们谈论了常规的刻度或图表，现在回到水平测井的刻度，下面进行具体介绍。

图 2-4 是一个非常简单的例子，其测井曲线分别放在第 1 道和第 2 道。曲线名称的标识位于曲线的底部。第 1 道里的 GR 曲线用实线代表，刻度从左边的 0 到右边的 100，分为 10 格。我们能通过 100（GR 单位数）除以 10（小格数）确定每个小格代表多少 GR 单位，每个小格代表 10GR 单位。

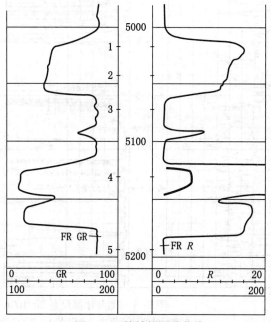

图 2-4　简单的测井曲线
注意两道的刻度，第 1 道被分成了 100 单位，
第 3 道被分成了 20 单位

现在看一下第 2 道内的电阻率曲线 R。这条曲线也是用实线表示，它还可以用短虚线、长虚线和点线表示，曲线可粗可细。它的刻度是从第二道里的 0 开始到 20，电阻率曲线 R 有一种备用曲线，用更粗的实线表示，其刻度从 0 到 200。只有原始曲线（刻度 0～20）超出刻度范围时，这种只是原来大小的 1/10 的备用曲线才打印或显示在测井曲线上。通常，曲线在第 2 道和第 3 道内能完全刻度下，但是，像这种情况下曲线在刻度 10 时被截止了（消失了）。

2.2.3　练习 1

让我们通过做些练习来识别测量曲线的刻度并读出它的值，这就叫做"读测井曲线"。在图 2-4 中，每个间隔代表多少电阻率 R 单位，如果你说对于原始曲线代表 2，对于换比例曲线代表 20，这就对了。

现在来练习读取这些曲线。首先，在一张纸上做像表 2-1 这样的表。

表 2-1　根据图 2-4 读出测量曲线值的练习 1

点　号	深度	GR	R
1	5020	40	16
2			
3			
4			
5			

读取每点的深度和对应该点的曲线值。第一点我们取 5020ft，GR 曲线从 0 开始有 4 个小格，于是它的数值是 10 的 4 倍，即 40。将 40 写在 GR 下面，挨着深度 5020ft。对于 R 的读数，它的每个小格代表 2 个 R 单位乘以 8 个小格，即数值是 16。继续读值，用其他的读值填满你的这张表。答案在本章 2.6.1。

注意图 2-4 上的其他点，在曲线的最底部标有 FR GR 和 FR R 的短线。FR 代表这条特定曲线的第一个取值点，不要在这个取值点以下读值，即使这短曲线上可能出现了测量记录值，它不是一个真值。测井仪器在井筒底部是静止的，FR R 比 FR GR 深的原因是连接在电缆上的自然伽马仪器位于电阻率仪之上，不可能下得比 FR R 深。

现在看图 2-5 上的一些更实际的测井曲线读值。再次关注测井曲线的底部的曲线识别。注意到在第 1 道里的 GR 曲线刻度是从 0 ～ 150，同时还有备用刻度是从 150 ～ 300，这就意味着每个小格代表 15 个 GR 单位。

第 2 和 3 道比上个例子更加复杂些。这里我们有三条不同的曲线，它们具有不同的刻度和曲线符号。实线标为 "RHOB"（读作 "row B"），

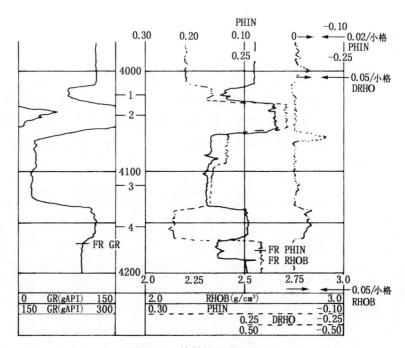

图 2-5　简单的三道曲线中

箭头之间的空间表明了每条曲线中一个小格的值。读出点 1—4 的值，熟练你的读值技巧

其刻度是从位于第 2 道零刻度的 2.0 开始到位于第 3 道第 10 个小格 3.0（3 道的第 10 个小格和 2 道的第 20 个小格相同）。为了得到 RHOB 的每个小格代表多少单位，用第 20 个小格（3.0）读值减去零刻度值 2.0，然后除以 20。答案是每小格代表 0.05 个单位（3.0-2.0=1.0，1.0/20 小格就等于 0.05）。

　　PHIN（读作 "fee N"）曲线上 0 孔隙度在哪？要确定这个，你还必须找出每个小格代表多少 PHIN 单位。注意这个刻度值是反向的，也就是说，比较高的数值在左边而比较低的值在右边。实际上，第 3 道中第 10 个小格（这与第 2 道中的第 20 个小格相同）标记为 -0.10，是个负值。我们将如何确定这条曲线每个小格代表多少单位呢？首先，我们用位于第 3 道右边界的值（或者是第 2 道内第 20 个小格）减去 PHIN 的零个小格值（0.30），右边界值是 -0.10。因此，PHIN 曲线每个小格代表的单位是：-0.10-0.30=-0.40，再用 -0.40 个 PHIN 除以 20 个小格：-0.10/20=-0.02PHIN/ 小格。负号意味着刻度是从右向左增加的，而不是从左到右。那么 0 个 PHIN 在哪里呢？它位于第 3 道内的第 5 个小格（或者是第 2 道内的第 15 个小格）。曲线 RHOB 和 DRHO（读做 "delta rho"）的每个小格都代表 0.05。

2.2.4 练习 2

现在让我们从记录的 GR、PHIN、RHOB 和 DRHO 曲线的 1 点、2 点、3 点和 4 点上读取更加实际的测井值，建立一张如前面练习的表格。

表 2-2　根据图 5-2 读曲线测量值的练习 2

点　号	深　度	GR	PHIN	RHOB	DHRO
1	4024	75	0.17	2.40	0.0
2					
3					
4					
5					

第 1 道内的水平刻度总是线性的，也就是像尺子一样它的增量是均匀的。然而，第 2 和 3 道内的刻度通常打印成不同的形式，除了是线性的，这两道内还可能是对数的，或者这两道还可以分开刻度，在第 2 道内用对数刻度，在第 3 道内用线性刻度。

对数刻度通常都是 10 的对数，每一级刻度数是上一级刻度数的 10 倍。按钱来想象对数刻度（图 2-6）。如果最低值显示的是 1 分，第一个周期是从 1 到 10，相当于 1 角。第二个周期刻度就从 10（相当于 1 角）到 100（相当于 1 元或者 10 角）。第三个周期刻度就从 100（相当于 1 元钞）到 1000 分（相当于一张 10 元钞或是十张 1 元钞）。对于计算机而言，对数刻度就像压缩的文件，这种刻度能在小范围空间内展示较大范围内的资料点。

2.2.5 练习 3

为了更好地理解对数刻度，建立另一张表并记录下在图 2-6 上标出的四个点的记录值。

在图 2-6 上读出 1 号、2 号、3 号、4 号点的值，在 1 号点的读值

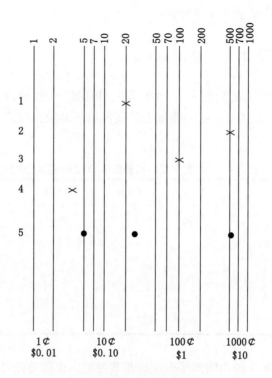

图 2-6　按照从书中学会的如何读对
数刻度的原理来读图

是 20 分（图 2-6 最底部的刻度），再读 2 号、3 号、4 号点。注意到 5 号点略有不同，它显示的是测井刻度如何能够提供比较精确的读值。如果我们试图读取最右边的读值，我们估计它在 500 和 550 之间，但是通过利用其他两点，我们能确定我们的读值应该是 525（500+20+5）。

表 2-3　根据图 2-6 读出对数测量值的练习 3

点　号	值	货　币　值
1	20	20分
2		
3		
4		
5		

2.2.6 练习 4

利用图 2–7 中真实的测井曲线进行一些实际练习。这里第 2 和 3 道内用对数刻度记录了双感应测井—SFL 曲线。注意刻度是从 0.20 开始的而不是 0.10，然而其他与图 2–6 中的例子相同。读取这三条曲线上的 1 号点和 2 号点，在本章 2.6.1 核对你的答案是否正确。

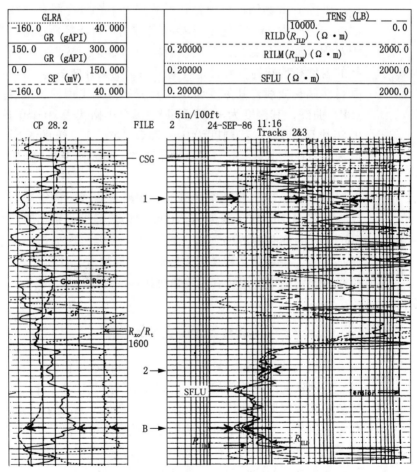

图 2–7　根据对数刻度读出曲线上 1 号点和 2 号点的值

另一种常见的形式是测井曲线的左边记录深度，右边的空间分为四个道。这种显示通常是计算或计算机解释测井曲线使用的形式。计算机解释测井是综合两种或更多种测井方法产生的。

2.3 附 图

在每条测井曲线的主要部分与测井图尾之间有个附图。附图用来标记测量刻度和识别每条曲线（测量值）。曲线（或称为记录值、读数或测量值）可用实线、长虚线、短虚线或点线显示，所有这些线都可粗可细。

以图 2-8 为例，可观察到附图的上半部分有测井曲线，底部标明测井比例尺为 2in（注意：不要被名称的字母花样所迷惑，现在这些标识对你可能没有意义。此项以后再加以定义。从现在开始，只注意每行的名称和特殊的符号，它有助于你识别测井曲线）。第一道的粗实线是自然伽马曲线，其刻度为 0 ~ 150API。第 1 道的长虚线是自然电位（SP）曲线，其刻度为 −160 到 40（每个小格代表 20 个单位）。第 2 道的实线是 SFLA，其刻度为 0 ~ 50Ω · m，第 2 道的长虚线是 RILD，其刻度为 0 ~ 50Ω · m。CILD 曲线跨过了第 2 和 3 道，其刻度为 1000 ~ 0S/m，它也是用实线表示的。

附图标识出了测井图中每部分的所有曲线，使得测井曲线在其显示比例尺由 2in/100ft 变为 5in/100ft 时仍然能被识别出来。在比例尺为 5in/100ft 的测井曲线的顶部，所有曲线被再一次标识。这里我们有些附加曲线，现在第 2 和 3 道采用对数刻度格式。比例尺为 5in/100ft 时，你是否能合适地标记所有曲线并找到其位置。

2.4 重 复 曲 线

重复曲线是通过重复测量一段主测井曲线以检验测井质量，这意味着至少两次曲线的读值相同，由此证明测井时仪器工作正常（图 2-9）。重复曲线与主测井曲线总是放在一起，在几个不同的地方进行检查以确保重复读值一致。如果重复性不好，就需要用不同的仪器重新测井，如果不能这样做，使用这样的测井资料时就需谨慎。放射性测量总是有一定（统计起伏）变化的，这是由于放射性衰变的随机特征造成的。其他测井方法，例如电阻率或声波资料，需要重复值比较接近。重复曲线附在主测井曲线的后面。

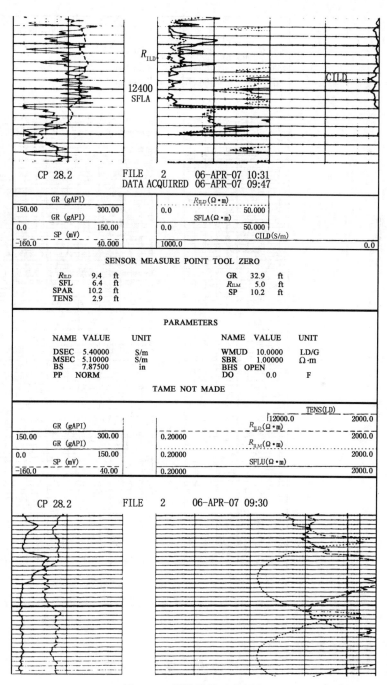

图2-8　测井曲线及其刻度

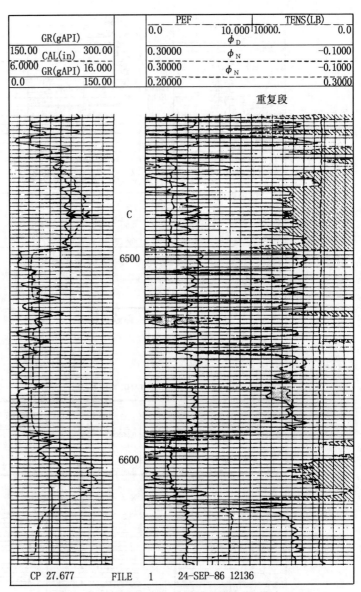

图 2-9　测井曲线的重复段，它能验证测井仪器是
否工作正常，以及测量值能否重合

2.5　刻　　度

在测井图的最后部分是测前和测后刻度。这些刻度可以检验仪器在

测井前是否调整得当以及在完成测井任务后是否仍须调整。为了这个目的，我们假定仪器刻度全部合适。如果你曾怀疑某口测井曲线刻度不正常，或者在测井过程中仪器发生变化，变得不能刻度（超出范围），那么联系测井公司，询问它的工作程序，让公司检验仪器的测前和测后刻度是否正常。

2.6　综合考查

为了检验你对本章的理解程度，尤其是你读取测井值的能力，回到图 2-3、图 2-7 和图 2-9。读取 A 点、B 点和 C 点的所有曲线值及深度值。答案见 2.6.2。如果你做得不太好，再重新阅读本章中你遇到困难的部分。

我们现在知道了如何识别和读取测井曲线的主要部分。让我们到第 3 章来了解这些曲线能告诉我们些什么，以便我们能综合这些知识来解释测井曲线。

2.6.1　练习答案

表 2-4　练习 1 答案

点　号	深　度	GR	R
1	5020	40	20
2	5043	36	13
3	5075	82	2
4	5131	11	70
5	5194	*	*

* 这些点在 FR（第一个读值点）以下。这里不用读出这些点，它们是无效测量。

表 2-5　练习 2 答案

点号	深度	GR	PHIN	RHOB	DRHO
1	4024	75	0.17	2.40	0.0
2	4045	180	0.015	2.65	0.01
3	4114	20	0.17	2.31	0.02
4	4155	120	0.25	2.52	0.06

表 2-6　练习 3 答案

点　号	值	货币值
1	20	20 分
2	500	500 分或 5 元
3	100	100 分或 1 元
4	3	3 分
5	525	525 分或 5.25 元

表 2-7　练习 4 答案

点　号	深度	R_{ILD}	R_{ILM}	SFLU
1	1545	32	3	200
2	1610	10	9	1

2.6.2　考查题答案

表 2-8　图 2-3 答案

点　号	深度	GR	SP	SFLA	R_{ILD}
A	1650	30	−120	150	—
B	1670	75	−92	3	5
C	1737	75	−100	2	2

表 2-9　图 2-7 答案

点　号	深度	GR	SP	R_{ILD}	R_{ILM}	SFLU
B	1632	85	−130	3.2	2.9	2.5

表 2-10　图 2-9 答案

点　号	深度	GR	CAL	PEF	ϕ_D	ϕ_N
C	6475	85	13.6	2.4	20.5	4

3 地层参数

在开始进行测井解释之前，我们需要掌握一些基础知识，首先我们需要了解一点有关不同种类的储集岩的知识，这些储集岩以及岩石内包含的流体是如何形成的？油气在储集岩内是如何分布的？我们也需要将直接测量与间接测量结果相比较，从最早与仍然是最有用的测量——电阻率中了解更多的信息。

3.1 沉积类型

你可能已意识到，油气藏包含在三种主要岩石类型之一——沉积岩中。这些岩石以层的形式沉积在江河、湖泊和海洋的底部，它们可被划分为碎屑岩、蒸发岩和有机岩三种类型。

碎屑一词来自希腊语"klastos"，意思是"破碎的"，它是由其他岩石的碎片形成的。这类岩石最常见的例子是砂岩，单个的砂岩颗粒是其他岩石的碎片经过风或水的侵蚀、磨损、挤压和翻转，直到它们沉积在某处足够长的时间与其他沉积物一同被掩埋。这些沉积物再经过化学反应、高温和高压后被胶结在一起。砂岩是最重要的储集岩，大多数油气藏都聚集在砂岩里。

碎屑岩沉积可根据形成岩石的沉积物颗粒的大小或碎片大小加以区分。砂岩具有中等大小的颗粒，其范围可从海滩沙那么大到非常细小，肉眼几乎无法看见。砾岩是另一种碎屑沉积岩，颗粒较大，从非常小的米粒大小的卵石到比人的拳头还大的石头，砾岩的分选性很差，在岩石中有各种各样大小的颗粒存在。泥岩也是另外一种碎屑岩，它的颗粒是微观级的。除此之外，泥岩内还包含有不同类型的黏土矿物。

蒸发岩形成于含盐水体的蒸发。随着矿化度的增加，一些化学物质沉淀于水体底部形成一个层，最常见的蒸发岩是石膏、硬石膏、岩盐（含盐岩石）。岩盐对石油勘探特别有用，因为许多油田都伴生盐丘，尤其是在墨西哥湾沿岸。

大多数有机沉积物被划分为碳酸盐岩，它包括石灰岩和白云岩。碳酸盐岩的产生有多种形式，颗粒特别细小的泥晶灰岩来自石灰基泥浆，灰泥来自金棕藻的排泄物，礁灰岩来自珊瑚。有机沉积物通常是小的海洋生物骨架沉落到海底后逐渐堆积，随着时间流逝，这些生物形成的地层通常能达到几百英尺厚。这些地层最终被掩埋、压实、胶结在一起，形成一种非常重要的储层——碳酸盐岩矿床。

所有沉积岩石在它们的孔隙空间（指单个颗粒之间的空隙）内都含有一些水。这种水被称为地层水，它包含有数量不定的已溶解的盐。地层水的来源可能是湖泊、江河，或有机物沉积的海洋。在砂丘的情形下，地层水可能来自雨水或随地层被掩埋时运移的地面水。

在图3-1中，我们可看到形成砂岩的各种各样的矿物颗粒。这些颗粒通过加热、加压被胶结物如碳酸盐和（或）硅石胶结在一起。由于它们存在于多水环境或者是后来沉没于水下，砂岩颗粒通常都是亲水的，水附着在独立的颗粒中，几乎所有的地层都含有这种不能流动的水，即束缚水，不论地层中可能包含有多少油或气，束缚水总是存在的。

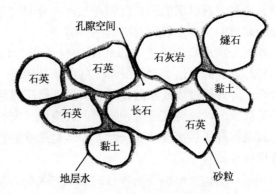

图3-1　砂岩颗粒示意图

不同种类的物质构成了砂岩颗粒。地层水（灰色）包围了颗粒。颗粒间留下的孔隙空间能储存其他种类的流体，如水、油或气

3.2　孔　隙　度

当沉积物在沉积或压实时，它们不能形成实心的岩块，其颗粒间（粒间孔隙）仍有空间。孔隙体积占地层总体积的百分数叫做孔隙度，也就是非岩石体积。地层流体（油、气或水）聚集在孔隙中（图3-1）。孔隙度越大，地层包含的流体越多。地层若没有孔隙度，岩石也就没有

油气聚集的空间，因而石油勘探者对此类地层也就不感兴趣。

3.2.1　粒间孔隙度（原生孔隙度）

　　为了比较清楚地理解孔隙度概念，让我们做个实验。取一个边长都是 1ft 的盒子（其体积等于 1ft³），在它里面装满大小均匀的圆球（图3-2a），圆球之间的空隙就是孔隙空间。通过用量杯往盒子里倒水，我们能够确定孔隙空间的大小。仔细测量，我们会发现其中可以加到0.476ft³ 的水，这意味着这个装圆球的盒子内的孔隙空间（或叫孔隙度）是 0.476ft³，或表示为 47.6%。

　　图 3-2a 中的圆球代表砂岩颗粒，很显然，砂岩颗粒并不像圆球那样对称均匀，所以这个实验仅代表最理想，最极端的条件。研究一下圆球在盒子里的排列方式，它们成直线排列堆放。在自然界中砂岩颗粒几乎不可能像这样排列，因为这种排列方式是不稳定的。这样我们就得到了砂岩最大可能的孔隙度，如果从测井曲线读取的孔隙度值大于

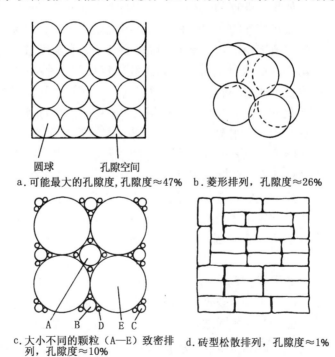

圆球　　孔隙空间

a. 可能最大的孔隙度, 孔隙度≈47%　　b. 菱形排列, 孔隙度≈26%

A　B　D　E　C

c. 大小不同的颗粒（A—E）致密排　　d. 砖型松散排列, 孔隙度≈1%
　　列, 孔隙度≈10%

图 3-2　孔隙度随颗粒形态与排列方式而变化

47.6%，那么就知道我们看到的不是砂岩地层。

有个奇怪但却有趣的数学现象，就是孔隙度将不随圆球大小的变化而改变，不论我们放置的是直径为 1ft 的圆球还是直径为 1mm 的圆球，仔细摆放并填满，只要排列方式相同，孔隙度都是相同的。如果你懂几何学，你就能自己证明出来，球的体积公式是：

$$V = \frac{1}{6}\pi d^3$$

式中　　V——体积；

　　　　d——球体的直径。

如果我们改变圆球的排列方式又会出现什么情况呢？在图 3-2b 上圆球被排列成菱形六面体形状，也就是它们的堆积方式如同炮弹的堆放方式，现在可能的最大孔隙度是 26%，这种排列是最稳定也是自然界最可能存在的方式。我们可以说压实较好、分选较好的（砂岩颗粒大小基本相同）砂岩的最大孔隙度可能在 26% 左右。

如果改变球的大小，又会怎样呢？如图 3-2c 所示，四个圆球呈直线堆放在彼此的上面，它们的孔隙度是 47.6%。如果我们在大圆球间的空隙内填进小圆球，原生孔隙度会变小。孔隙度减少的多少取决于我们所用小球的尺寸的种类。如果我们仅使用一个 A 尺寸的球，则减少的孔隙度是非常小的，因为在这种排列方式的中间恰好有空间可以容纳一个 A 尺寸的球。如果我们使用 A、B 两种尺寸的球，则能放 4 个 B 尺寸的球，减少的孔隙空间更多一些。如果我们放置 A—E 五种尺寸的球，则实际消除了孔隙度。值得注意的是用一组尺寸变化范围大的球可最大限度地减少孔隙度。根据这个实验可知，分选差的砂岩孔隙度低。

如果我们用砖块代替圆球又会怎样呢？图 3-2d 中唯一的孔隙空间是所堆放砖块之间的缝隙，这样孔隙度就非常非常低了。从砖块的例子中我们可以了解到长方形颗粒将有什么类型的孔隙度，但这有点跑题了。

如果我们削去所有立方体的棱角边，最终能得到个球，自然界也是如此。从岩石破碎下来的或多或少接近矩形的碎片，经过翻滚、摩擦的过程逐渐变成圆球状，被削去了棱角。刚刚破碎的岩石碎片是有棱角的，风化很久后的碎片是很圆的。在这些过程中，岩石经历了次棱、次圆阶段。

砂岩颗粒的棱角越多，它们充填得越紧密，孔隙度也将越低。颗粒越圆，孔隙度越高。

通常磨圆好的砂岩分选性也好，因此它们具有比较高的孔隙度和渗透率（渗透率是指地层允许流体通过的能力，高渗透率会导致高产能，低渗透率导致低产能——其他参数也类似）。这样的砂岩成熟度高，风化好，或者是海滩沙（如果颗粒很大时）。另一方面，分选差，有棱角或次棱角的砂岩成熟度低，风化程度轻，具有较低的孔隙度和渗透率。

3.2.2　其他类型的孔隙度

图 3-2d 同样说明了裂缝孔隙度。如果砖块排列相当松散，它们之间也会有空间。这些空间在自然界里的裂缝面比孔隙空间更大，裂缝体系的总孔隙体积通常非常低———一般是 1%～2%。由于地层会随时间移动和弯曲，岩石自然能形成裂缝。尽管裂缝的孔隙度很低，但它们通常具有较高的渗透率，大量的流体能够很容易地流动。

另一种类型的孔隙度是孔洞孔隙度，它出现在碳酸盐岩里的石灰岩和白云岩中。孔洞是岩石中比较大的、不规则的空隙，通常是由矿物如方解石溶解到水里后进入到岩石中形成的。孔洞可以允许大量的流体自由流过，大岩洞就是大孔洞的例子。

特定的地层可能具有上述三种孔隙系统或者只有一种。砂岩通常仅有第一种孔隙类型，称为基质或粒间孔隙度。碳酸盐岩通常具有三种孔隙系统：基质型、裂缝型和孔洞型。

3.3　地层分析

图 3-3 说明了一些地层分析中的重要概念，图 3-3a 描述的是一个单位体积的地层，这个单位体积是指每边都是 1 个单位，体积就是 1 立方单位（1 个单位可能是 1ft、1in 或 1m——这都没有关系），我们令这个单位体积等于 100%。这就意味着如果单位体积全装满水，于是我们就有了 100% 的水。另一方面，如果单位体积完全被骨架充满，则孔隙度是 0，就不会有水、油和气的存在。正如我们前面的例子，如果砂岩颗粒组成骨架或者岩石结构，则在大多数情况下孔隙度都将大于 0。

由于地层的亲水特性，砂岩颗粒的周围通常是地层水。砂岩颗粒润湿的水是不可动的或叫束缚水，束缚水量是颗粒大小，渗透率和毛细管

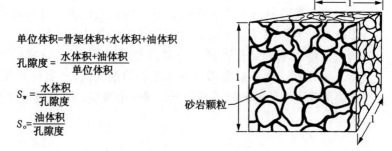

单位体积=骨架体积+水体积+油体积

$$孔隙度 = \frac{水体积+油体积}{单位体积}$$

$$S_w = \frac{水体积}{孔隙度}$$

$$S_o = \frac{油体积}{孔隙度}$$

砂岩颗粒

a. 流体和孔隙在地层中如何分布的例子

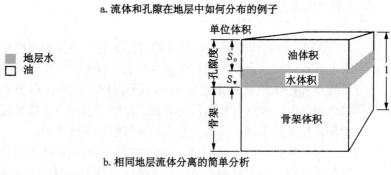

地层水
油

a. 流体和孔隙在地层中如何分布的例子

b. 相同地层流体分离的简单分析

图 3-3   单位体积和总体积

压力的函数。油气开采时可能会伴生多余的水。孔隙空间内的油气通过包含束缚的和可动的地层水与单个砂岩颗粒相分离。图 3-3 中的这个特殊的单位体积在孔隙空间内只有束缚水和油，注意孔隙空间内 100% 完全被流体充满，要么是油要么是水。

现在看图 3-3b，这里单位体积根据它的成分而划分。所有的砂岩颗粒全部被压实到底部，被称为骨架，也就是组成岩石结构的矿物。在砂岩情况下，骨架主要是石英，含水体积是指地层的孔隙空间内所包含水的量，它既包括束缚水又包括可动水，在含水体积上面是含油体积，因为对单位体积而言，所有压实的骨架在最下面，剩余的部分是孔隙度。孔隙空间内被油和水填满，于是它们被标记为"孔隙度"。

如果我们将体积相加，我们能说：

单位体积 = 骨架体积 + 水体积 + 油体积

孔隙度 =（水体积 + 油体积）/ 单位体积

含水饱和度 S_w= 水体积 / 孔隙度

含油饱和度 S_o= 油体积 / 孔隙度

BVM + BVW + BVO = 100% 或 1.0
总骨架体积　　水的总体积　　油的总体积

这些体积被称作总体积，在图表中，骨架的总体积（BVM）是 0.70（70%），水的总体积（BVW）是 0.10（10%），油的总体积（BVO）是 0.20（20%）。

我们知道所有的油和水都包含在孔隙空间内，因此如果将 BVW 和 BVO 相加，我们会发现孔隙度等于 30% 或 0.3，表示为

$$孔隙度 = BVW + BVO = 100\% - BVM$$

尽管总体积是个非常有用的概念，传统上我们使用 S_w 和 S_o 来计算孔隙空间内流体所占用的部分，为了确定这些饱和度，我们用下式计算：

$$S_w = BVW / 孔隙度$$

$$S_o = BVO / 孔隙度$$

注意：这里 $S_w + S_o = 1$ 或 100%，这就意味着孔隙空间内被流体 100% 填满。

注意：如果存在天然气，它的饱和度用 S_g 表示。在含油气和水的地层中：

$$S_o + S_g + S_w = 100\%$$

3.4　泥质地层

尽管我们讨论的是不含泥质的地层或叫纯地层，但实际上，地层包含着不同数量的泥质。因而使事情变得非常复杂。

泥岩和黏土（这两个术语几乎经常被互换，尽管它们还是有技术上的区别）是极细颗粒的、呈层状的矿物。由于这种层状结构和小的颗粒尺寸，与砂岩颗粒相比，它们具有相当大的表面积，这种巨大的表面积导致大量的水被束缚在泥质矿物结构里。它们细小的粒径具有相当强的毛细管力约束它里面的水，因此泥质尽管孔隙度高而渗透率几乎等于零。泥质能在砂岩中形成相当小的薄层，或者分散遍及到整个地层。如果是分散分布的，泥质的作用几乎类似于孔隙空间内的另一种流体，它将降低能容纳流体的可用孔隙度并减少了渗透率。用于容纳流体的可用孔隙度叫做有效孔隙度，与之相对的是总孔隙度，总孔隙度包括被束缚

水充填的泥质孔隙度。

我们现在要修改一下单位体积（图 3-4）：泥岩骨架包括在地层骨架里（泥岩和砂岩骨架除了颗粒大小外是非常相似的）。泥质孔隙度包括在孔隙度部分内。从总孔隙度内扣除泥质束缚水的体积可以确定有效孔隙度。地层水的总体积除以有效孔隙度可得到有效含水饱和度。

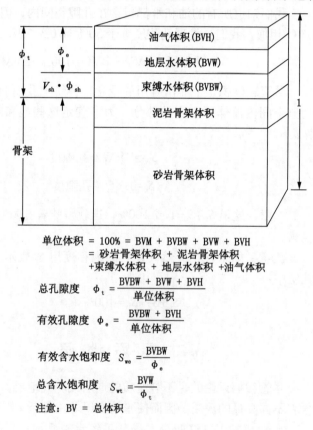

图 3-4　含泥质的单位体积和总体积
注意泥质的增加是如何改变图 3-3 的关系

重述一下我们学过的知识：

（1）单位体积等于一个地层体积，一条边为一个单位。

（2）总孔隙度等于流体（水、油或气）体积占单位体积的百分比。

（3）有效孔隙度等于流体体积减去泥质束缚水体积后占单位体积的百分比。

（4）总含水饱和度等于地层水体积除以总孔隙度。

(5) 有效含水饱和度等于地层水体积除以有效孔隙度。

3.5　储量估算

从图 3-4 中可以看出，如果已知有效孔隙度、含油饱和度、地层厚度、油藏覆盖的面积，或者是井的供油面积，我们就能计算出地层内油或气的量。为了计算储量（油或气的可采出量），我们还需要了解的参数有采收率（油的采收率通常在 40% 左右，但是可能或多或少）。

根据下列方程可得出：

$$石油储量\ N_p = \phi_e \times S_o \times 地层厚度\ h \times 供油面积\ A \times 采收率\ r_f$$

根据这个方程可以看出，下列情况下可采出更多的油：有效孔隙度更高些、含油饱和度更高些（含水饱和度更低些）、地层更厚些、供油面积更大些（油藏更大些）、采收率更高些。

我们仅仅能估算部分参数的数值，比如采收率（根据最好情况 / 最坏情况）或者供油面积（根据井距需要，地震信息、油田矿场租地面积等来估算）。其他参数——孔隙度、含油饱和度和地层厚度——则通过测井资料得到。有了估算的储量数值，我们就可以进行经济评价来确定是否值得为这口井支付成本。

3.6　侵　　入

到目前为止，我们研究的是未受干扰状态下的储层。然而，钻井会对地层特性产生很深的影响，钻头会在某些程度上改变岩石，但是最主要的变化还是由钻井液造成的。

钻井液是一种复杂的流体，通常主要是由水和悬浮固体（加重材料）以及控制钻井液性能（黏度、流体漏失量、酸度）的不同的化学物质组成。钻井液携带岩屑流出井筒并返回地面。泥质被添加到水中成为钻井液的主体。比起普通的水，这种混合物成为一种较好的携带介质。

钻井液另外的一种重要用途是控制地层压力。加重材料如重晶石被添加到钻井液中，以便使钻井液柱的流体静压大于地层压力。这种超出的压力阻止了在钻井过程中发生井涌或回流。如果在钻井中遇到高压或者地层压力超过流体静压，钻井工人必须"加重"（添加比重大的物质）

直到井得到控制或者地层压力再次达到平衡。

如果我们取些钻井液样品并给它施加一定压力，钻井液可分离成两个主要部分：钻井液滤液和泥饼。钻井液滤液是一种纯净的流体，其矿化度根据钻井水源（用于配制钻井液用水）和添加剂的矿化度的变化而变化。通常钻井液滤液的矿化度低于地层水的矿化度。由于钻井液滤液是一种纯净的流体（无悬浮固体），如果井筒压力大于地层压力，它能侵入地层并能驱替一些原生流体。

钻井液的固体成分叫做泥饼。泥饼阻止钻井液滤液侵入地层。一些测井仪器可以探测到泥饼的存在。它能指示侵入，间接地表明渗透能力。由于泥饼是固体，通常它不能侵入到地层中。钻井液包含许多悬浮颗粒，通常它也不能侵入到地层中。当钻遇到不小心压裂的地层或天然裂缝或孔洞时，所有钻井液会漏失在地层中。在压裂情况下，钻井液流体静压超过地层强度，裂缝大到足以通过钻井液中的固体物质，这种情况叫做井漏或循环漏失层，大量的钻井液可以在短时间内漏失掉。

我们已经将钻井液分成了两部分：钻井液滤液和泥饼。当这两部分与地层接触时将会发生什么呢？

图 3-5a 是部分未干扰地层。我们感兴趣的地层是被上下泥岩束缚住的砂岩部分。注意砂岩底部的 S_w 是 100%，其上部有束缚水饱和度 S_{wi}（只有束缚水饱和度存在时，油填充在孔隙的其余部分）。由于油的密度比水轻，因此，水填充在地层的下部，油在上部。过渡带出现在砂岩上下部分之间，在那里含水饱和度从 100% 变化到束缚水饱和度（注意：束缚水饱和度存在时并不是所有的地层中都含油气）。

图 3-5b 是被钻开后的同一地层。此时出现了侵入。因为钻井液柱的流体静压比较高，渗透性地层像个钻井液挤压器，把钻井液分成泥饼和钻井液滤液两部分。泥饼是通过挤压钻井液中的液体而形成的。固体部分被留在井眼内，紧贴着渗透性地层部分。注意：图 3-5b 的泥饼有一定的厚度并向地层延伸。钻井液滤液即钻井液中的流体部分则侵入到地层。由于钻井液侵入，地层中的原生流体必然被驱替。钻井液滤液把这部分流体冲刷或驱替进入储层深部并占据了井眼周围的空间。

在地层的底部 $S_w=100\%$，冲刷几乎是完全的。由于受到了水的置换（置换的形成只是因所溶解盐的量的不同），大多数地层水是能流动的（事实上，有时候钻井液滤液和地层水的矿化度几乎是一样的，在那种情况下，就很难判断地层是否被侵入）。任何矿化度的地层水到最后将通过离子交换与钻井液滤液达到离子平衡。

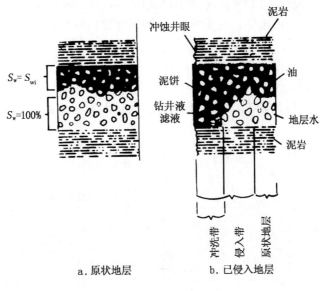

$S_w = S_{wi}$

$S_w = 100\%$

泥岩

冲蚀井眼

油

泥饼

钻井液
滤液

地层水

泥岩

冲洗带
侵入带
原状地层

a.原状地层　　　　b.已侵入地层

图3-5　侵入情形

　　在地层的上部，含油饱和度较高（$S_w = S_{wi}$）。尽管大部分地层水被钻井液滤液驱替，在被钻井液滤液冲刷的井眼附近仍然存在一些残余油。

　　残余油饱和度与束缚水饱和度相似，通常意味着它是不能流动的，残余油饱度可以简写为S_{or}，残余气饱和度以S_{gr}表示。术语S_{hr}表示残余烃饱和度，可以用于油或气，如果地层不含烃，S_{or}将等于0，一旦地层含油或气，即使仅仅是运移通过地层（也就是说$S_w < 100\%$），地层的$S_{or} > 0$。

　　再看图3-5，钻井液滤液已经将所有的原生流体尽可能地冲刷到离井眼一定距离的地方，这部分地层叫做冲洗带或S_{xo}，冲洗带的直径是d_{xo}，冲洗带中水的电阻率是R_{mf}（也就是钻井液滤液电阻率），冲洗带地层的电阻率是R_{xo}。如果我们进入较深一点的地层，我们将看到地层流体和钻井液滤液的混合物，从井壁到钻井液滤液冲洗结束的这部分地层叫做侵入带，用下标 i 表示，侵入带直径是d_i，含水饱和度是S_i，水电阻率是R_i，由于侵入带的水是地层水和钻井液滤液的混合物，不可能得到这个值R_i。最后，经过侵入带，到达未被侵入或未被污染的地层，这就是原状地层，和图3-5a部分的条件相同。

　　图3-6是用不同的形式表现的相同的地层。图3-6a是S_w与垂直

深度的平面图，在底部 $S_w=100\%$，在 30ft 左右时是个常数。然而对于普通的地层，这里的 S_w 会随深度变化直到它接近束缚水饱和度值 25%。S_w 在后 20ft 仍是个常数，$S_w=S_{wi}=25\%$，这时含烃饱和度 S_h 等于 $1-S_w$。

图 3-6b 包括三部分，沿地层画水平线，以便我们能看见在地层的三个不同点，S_w 如何随距井眼距离的变化而变化。首先看底部部分，这里代表 $S_w=100\%$ 的地层，这是因为在这部分地层里几乎没有任何油

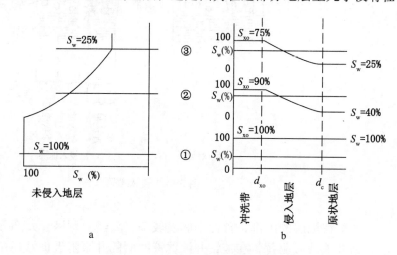

图 3-6　图 3-5 中含水饱和度的变化
含水饱和度随距井眼距离的变化而变化

气，因为我们没有加入任何烃类，所有的含水饱和度必须读作 100%，而 S_h 必须读作 0。

再看中间部分，这部分是过渡带，这里 S_w 大约是 40%。由于地层中油的存在，我们可看见含水饱和度的变化，其中一些已经被侵入的钻井液所冲刷。因为 $S_{xo} < 100\%$，$S_i < S_{xo}$，当然在原状地层中 $S_w=40\%$。

在最上面部分，S_w 是束缚水饱和度值，这里我们看见各种饱和度最大的变化程度：$S_{xo} <$ 过渡带 S_{xo}；而 $(1-S_{xo})$ 接近于残余油饱和度 S_{or}。含水饱和度将随侵入地层深度从 d_{xo} 到 d_i 之间变化，大于 d_i 时，$S_w=S_{wi}=25\%$。在这个最上面部分，我们能清晰地看见冲洗带直径，这里 S_{xo} 是常数，在侵入带的末端，S_w 也是常数。

对图 3-5 和图 3-6 已做了较全面的分析。由于侵入的不确定性，在解释和评价上还存在许多难题。

3.7 电 阻 率

正如我们上述的那样，为了计算储量，需要测量（1）孔隙度；（2）地层流体的百分比——含烃饱和度（S_o 或 S_g）；（3）地层厚度；（4）采收率；（5）油藏面积。有些数据如地层厚度，可以很容易地从测井资料中获得，其他参数如油藏面积，必须从地震资料和邻井资料中获取。采收率是另外一个参数，它只能估算。测井资料仅仅能够指示在给定的地层中是否有烃存在。根据某一特定油藏多年的资料可以确定最后的采收率。测井评价所涉及的仅仅是可通过测量获得的评价参数：孔隙度、含水饱和度和地层厚度。从这些信息里我们能推测出潜在的产量。但是记住：这些参数是间接测量而不是直接得到的。

3.7.1 直接与间接测量对比

先谈一下测量。如今需要知道的许多事情中，大多数是能够测量出的：我们的体重、我们鞋子的大小、时间、我们给车加了多少加仑的汽油等，我们几乎想当然地认为我们有测量它们的能力。

假定屠夫称了 1 lb（磅）肉，我们真得到了 1 lb 肉吗？我们怎样才能知道呢？屠夫在哪里称肉？实际上，他是间接测量重量，他把肉放台秤上，然后看弹簧的拉伸量，弹簧的拉伸量与物体的重量成正比。如果秤是已校对过的，他就能告诉我们物体的重量是多少？单位为 lb 或者 g（克），但是屠夫并没有直接测量肉的重量，他是通过弹簧的拉伸间接测量出的。

工程测量也同样，直接测量某物几乎是不可能或不实用的，因此必须使用间接方法。

3.7.2 含水饱和度

孔隙度在实验室里的测量方式与用圆球做实验的方式相似。不幸的是，孔隙度不能用同样的方式在井眼内进行测量，因此必须采用各种各样间接的方法。大多数这些方法要么使用声波能量（当声波穿过地层时对地层的响应），或者是利用一些感应形式，或者应用放射性（详见第6章的详细说明）。

除了孔隙度，另外一个需要我们确定的量是含水饱和度。我们测量含水饱和度是因为我们无法测量含油饱和度，我们真正想知道的是有多少油或气存在，而不是想知道有多少水。最初发明的测井测量就只能测量电阻率，随后才发展了孔隙度的测量。实际上，测量电阻率的意义开始并不是很清楚，大量的时间和金钱直接花在了研究这个项目上。H.G.Doll，尤其是 George Archie 成为这个领域的先锋。

孔隙度、饱和度和电阻率之间的联系是什么呢？阿尔奇（Archie）公式表达了这种关系：$S_w=(FR_w/R_t)^{1/2}$，尽管在井眼内不论是水还是烃的饱和度都不能直接被测量到，通过测量地层电阻率，含水饱和度还是很容易被推算出来。

与比重一样，电阻率属于物质的一种属性，它与电阻的长度和横截面积有关。电阻决定了使一定电流流过所必需的电压量，电阻率的测量单位是 $\Omega \cdot m$（欧姆米），电导率是电阻率的倒数［电导率的单位是 S/m（西门子/米）］。铜的电阻率低，电流遇到电阻很小的铜物质比如电线时，很容易流动。另一方面，玻璃具有非常高的电阻率，经常被用作绝缘体。玻璃具有非常低的电导率，铜具有非常高的电导率，在地层中测得的电阻率或者电导率通常介于铜和玻璃之间。

由于砂岩主要成分与玻璃（二氧化硅）一样，似乎砂岩有很高的电阻率，在某种程度上，这是对的。如果测量一大块完全干燥的砂岩的电阻率，读值将会很高——接近无限大。但是研究测井曲线可知道，砂岩的电阻率经常是小于 $1\Omega \cdot m$——非常低的值。我们如何解释干砂岩与井筒内砂岩的电阻率的不同呢？它们的不同点在于地层水的存在，地层水的电阻率很低。我们知道地层水是存在的，因为砂岩最初可能沉积在盐水环境中。只要地层中有一点孔隙度，就会有水存在于地层中。

如果我们测量蒸馏水的电阻率，我们将发现它有相当高的电阻率。为什么地层水的电阻率通常较低呢？难道是溶解在水里的盐吗？是的，通常在地层水中可发现已溶解的盐，其量的变化可使地层水电阻率更低。当我们测量大块砂岩的电阻率时，它的电阻率值将随着水量和水的矿化度的变化而变化。

设计一种能测量大段地层的电阻率的仪器，我们叫它为电阻率测井仪（R-meter）（图3-7）。开始时使用一块完全干燥的砂岩，除了砂岩颗粒和空气外里面什么也没有。测量它的电阻率，则电阻率将接近无穷大。现在用一些蒸馏水饱和这块干砂岩，再次测量它的电阻率，它的电阻率仍然将接近无穷大。最后，加入一些盐水溶液，先测量盐水的电阻

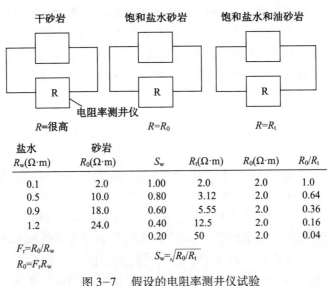

盐水	砂岩				
$R_w(\Omega \cdot m)$	$R_0(\Omega \cdot m)$	S_w	$R_t(\Omega \cdot m)$	$R_0(\Omega \cdot m)$	R_0/R_t
0.1	2.0	1.00	2.0	2.0	1.0
0.5	10.0	0.80	3.12	2.0	0.64
0.9	18.0	0.60	5.55	2.0	0.36
1.2	24.0	0.40	12.5	2.0	0.16
		0.20	50	2.0	0.04

$F_r = R_0/R_w$ 　　　　　　　　$S_w = \sqrt{R_0/R_t}$

$R_0 = F_r R_w$

图 3-7 　假设的电阻率测井仪试验

通过比较地层水电阻率的不同值（淡水和盐水），可推导出地层电阻率因子 F_r

率 R_w，用盐水冲洗掉所有的蒸馏水。如果现在再次测量，可看到电阻率比以前降低了许多。记录下这些读值：R_w 为盐水电阻率，R_0 为 100% 饱和水的岩石的电阻率。

现在利用不同的水电阻率重做上述实验，将会得到饱和水岩石不同的电阻率值。如果我们多次重复这个实验，我们将会发现 R_w 与 R_0 之间存在一定的关系，这种关系叫做地层电阻率因子 F_r，它的数学表达式是：$F_r = R_0/R_w$。

可以推断出地层电阻率因子和孔隙度在某些方面存在着联系，在确定 F_r 后，我们还能做些什么呢？地层水矿化度和岩石中水的量都与 R_0 有关。那是什么影响岩石容纳地层水的量？当然是孔隙度，孔隙度和地层因素之间的关系可以写成 $F_r = kR/\phi^{-m}$，这里 k 是个常数，通常在 0.8 和 1 之间，而 m 值通常在 1.3 和 2.5 之间（许多年过去了，这是唯一的孔隙度和测井测量之间的关系式）。

如果我们改变一下实验，往岩石中加入一些油来改变 S_w，我们就能得到一个新的关系式。首先测量饱和盐水岩石的 R_0，接着加入油减小 S_w 值至 80%，测量岩石的电阻率，我们称这个读值 R_t 叫做地层真电阻率。加入油增加岩石的电阻率，直到 $R_t > R_0$。如果我们再次减小 S_w 至 60%，再次测量 R_t，然后再减小 S_w，每次再测量 R_t。使用多种不同类型的岩石样品，我们可得到饱和度方程，也叫阿尔奇公式。

这些就是 George Archie 实验的基本原理。George Archie 是电阻率研究领域的先锋，他开创了电阻率领域的研究并完成了早期的测井解释研究。这位测井解释之父所做的实验是，首先测量岩心 100% 饱和水时的电阻率，然后逐渐增加岩心的油饱和度后测量其电阻率。Archie 认为，含水饱和度等于 R_0 除以 R_t 的平方根：

$$S_w = \sqrt{\frac{R_0}{R_t}}$$

现在已经分析了电阻率，让我们再好好研究，看看地层不同部分的电阻率是怎样的？

钻井液滤液侵入的存在使电阻率增加，如图 3-8 所示。此时含水饱和度从底部地层的 100%，变为顶部过渡带的 $S_w=25\%$。注意图 3-8b 有三个电阻率剖面图，在所有的剖面图中，靠近井眼的冲洗带电阻率 R_{xo} 非常高，由于残余烃的存在，油层中地层电阻率比 100% 含水地层稍微高点。

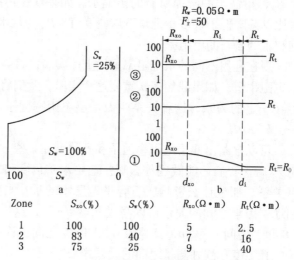

图 3-8　电阻率剖面
该图显示了钻井液侵入的影响。将此剖面与图 3-6 进行对比

Zone	S_{xo}(%)	S_w(%)	R_{xo}(Ω·m)	R_t(Ω·m)
1	100	100	5	2.5
2	83	40	7	16
3	75	25	9	40

在未侵入或原状地层内，冲洗带含水饱和度和 S_w 等于 100% 地层的电阻率之间差别很大，这种差别在过渡带不是很大，对于低含水饱和度地层的电阻率，这种差别非常小。

井眼附近的电阻率通常比地层真电阻率略高，甚至在油气层也是如此（钻井液电阻率非常低或地层含水饱和度非常低时 $R_{xo} < R_t$ 也是可能的）。由于侵入深度未知，因此研发出了能够测量环井周不同深度地层电阻率的新仪器（详见第 5 章）。在我们深入那个题目之前，我们需要学习最基本的测井方法之一：钻井液录井。

4 钻井液录井

当钻头钻开不同地层，钻屑将随着钻井液被带到地表，油气的踪迹也可能被带入钻井液。钻井液录井的作用主要是识别、记录或评价岩性、钻井参数和油气显示。钻井液录井所获得的信息来自各种形式的报告记录，比如钻井记录、岩屑录井或显示评价报告，钻井液录井者获得这些信息并将它们与其他井的信息对比分析，来确定本井是否能够产出具有商业价值的油气产量。除此之外，钻井液录井者还监测井眼的稳定性防止井喷或井涌，他还必须确保信息及时准确地呈报给合适的人。

为了理解所有可得到的信息，我们需要了解钻井液录井的四个重要方面：钻进速度、气体检测、地层评价与采样及油气显示评价。

4.1 钻进速度和迟到时间

钻进速度（ROP）是测量和评价地层特性和钻进效率最古老和最常用的方法。地层的岩性（岩石类型和硬度）、孔隙度和压力都会影响ROP。影响ROP的钻井参数包括钻头重量、钻头速率（r/m）、钻柱组合、所选钻头的类型和条件及液压。

4.1.1 钻进速度的测量

钻井液录井者进行人工测量 ROP 通常有三种主要方法：丈量方钻杆、观察钻速曲线或检查地质编录图。当钻井队人员丈量方钻杆时，他们按一定的深度增量（m 或 ft）进行标记，然后记下钻过每个深度间隔所需要的时间。使用钻时曲线（图 4-1）时，钻井液录井者观察环状或条带状的记录图，图 4-1 的横轴以时间为单位进行刻度，纵轴以深度为单位进行刻度。记下钻过一定深度所需要的时间后即可确定 ROP。第三种测量 ROP 的方法是地质编录图法，像钻井时间曲线图一样，它是一种条状图，放在每隔 24 小时旋转一次的滚筒上。这种图也是按时间记录的，尽管这里每个长度增量是用核对符号来记录的。

钻井速度被记录在 ROP 与深度的关系图中。通常它与对比参数和

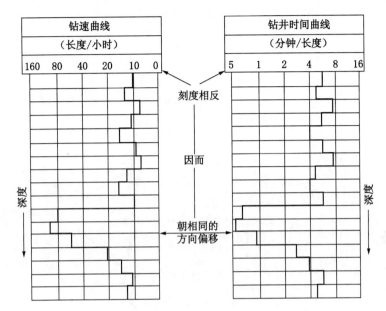

图 4-1 钻时曲线（选自《Anadrill 三角手册》，4-4）

注意所用单位是每小时长度或每单位长度的分钟数，曲线基本相同

解释参数一道包含在钻井液录井曲线内。ROP 也能由联机的绘图仪自动绘制出。

如果 ROP 用长度 / 小时为单位来表示，它的曲线就叫做钻速曲线，用分钟 / 长度为单位时，这种曲线就叫做钻时曲线。

4.1.2 根据钻井液录井曲线解释 ROP

图 4-2 是简化的 ROP 曲线。图上用字母标明的几个区域说明了我们能根据这种曲线获得信息的种类。

基线Ⓐ是解释的参考点，它简化了相关性，通常选择作基线的岩石是钻头将要钻穿的最硬的岩性之一。在这种地层中，我们用泥岩作基线，而在碳酸盐地层中通常用石灰岩作基线。无论何种岩性，基线确立了一个标准。

任何与基线信号之间的偏差都表明地层岩性的改变。在这个例子中，偏差被解释为砂 / 泥岩层序。钻进放空Ⓑ会有偏差，它通常指示岩性变化，尽管有时它是通过断层的结果。无论何种情况，钻进放空显示为 ROP 的突然增加——通常比基线平均值高出两倍或更多。

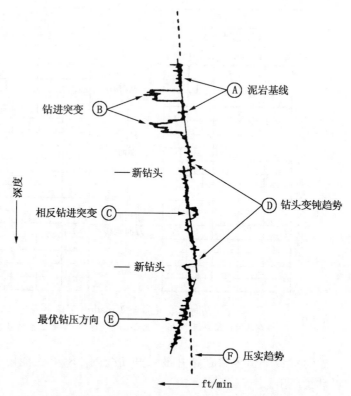

图 4-2　ROP 曲线术语（选自《Anadrill 三角手册》，4-7）

　　偶尔我们还能记录到反向钻进放空ⓒ，它显示为 ROP 的突然减小，它意味着岩性的改变。反向钻进放空通常和称为盖层的致密地层有关系。它们也可能指示砂泥岩界面或是开采时地层压力衰竭的地层。

　　钻头磨损后降低了钻进效率。ROP 曲线按一定斜率偏离基线ⓓ来显示这种变化。这种变弱的趋势能帮助钻井工人知道何时需要更换钻头。

　　最优钻压趋势线ⓔ通常是 ROP 逐渐均匀增加，它通常是孔隙压力增加的过渡带的指示。

　　由于超压和岩石成熟度随着深度增加，地层变得更致密。压实趋势线ⓕ有时能够在较长的测井曲线上看到，图 4-3 显示了一些常见岩石类型的钻井响应。

4.1.3　迟到时间

　　迟到时间是指钻头钻穿新地层的时刻与井下碎屑或气体由井筒上

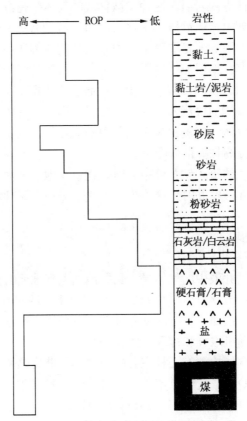

图 4-3 常见岩石类型的钻井响应
（选自《Anadrill 三角手册》，9-3）

返到地表的那一刻之间的时间差，ROP 是即时测量的，钻速增加或降低时，钻井工人随时记录。但是个别地层的岩屑不可能几分钟就循环上去，钻井液录井者在核对资料时一定要牢记这一点。

4.2 气 体 检 测

从钻井液系统中提取的气体通常是井下油气存在的最初显示。进入钻井液的气体来源于以下三种情况：（1）含气的地层；（2）地层中的气体进入了钻井液；（3）污染。

当钻头钻开地层时，打开或暴露了一些孔隙。来自钻开孔隙中的流体会与钻井液相混合，伴随着钻屑，碎片和来自钻开地层中的气体也一起被泵抽到地表。由于气体和岩屑上返时，压力降低，更多来自孔隙中的气体进入岩屑，这种"被释放的气体"是测井解释的一项重要资料。

如果流体静压小于地层压力，就会有更多的气体流入井中。从地层流入井眼的流量取决于压力差（指流体静压与地层压力之差）、孔隙度、渗透率、地层流体性质和这种条件持续的时间。当地层内流体不停地进入井内，就叫做井涌。由于井眼压力下降，抽汲（快速提升钻柱）会使地层流体加快流入井内。在抽汲过程中工程师能够识别出这种进入井眼内的气体，它被称为渗入井中的天然气，利用这些资料可以改善地层评价和提高钻井的安全性。

气体进入钻井液中有时是通过其他途径而不是地层，特别是使用油基钻井液钻井时。这称为污染气，但是，这种情况很少见。

4.2.1　气测

钻井液中的气体是当钻井液上返到地面时被测量到的。收集器和捕集器将气体样本从回流管中分离出来。收集样本后，钻井液仍不断地，安全地返回，不考虑钻井液循环系统的流速。除了连续取样，也可进行分批随机取样和提取气体成分。

气体检测有五种主要的仪器：热催化燃烧仪 [TCC，或热丝检测器(HWD)]，气相色谱仪（GC）、热导检测器（TCD）、火焰离子化检测器（FID）以及红外线分析器（IRA）。

TCC 仪器，通常称为热丝检测器，由于它使用简便，价格便宜，可操作性强，已经被使用了很长时间。但是，这种仪器不稳定，其反应多变化，当气体浓度超过百分之几时这种方法就会失效。然而，这种技术仍然是主要的，尤其当增加了其他工艺，例如气相色谱法时。

气相色谱法仪热丝检测器更精确和更量化。然而，它需要几分钟而不是几秒钟来完成测试。因而，TCC 用来检测循环钻井液中烃的存在，而 GC 是在有规律但是间断的基础上对气体成分进行分析——常常在TCC 检测完油气显示之后进行。

热导检测器是常规监测油气最不灵敏的仪器。在最佳条件下，探测极限大约为空气中含烃 1%。然而，TCD 具有良好的线性特征（在很大的测量范围内响应很一致），易于使用，耐用且便宜。

火焰离子化检测器是钻井液录井专业以外常用的气体分析仪器。在许多方面它要胜过其他系统。但是，FID 价格昂贵和难以操作时限制了它的使用。

最后一种设备是红外线分析器，它可以在某一时间仅对一种组分连续地操作。另外，IRA 的花费比 TCC 仪器更贵些，对震动和电力供应的变化更灵敏。但是，它们更容易操作，其灵敏性可与 TCC 方法相比较。

五种方法中二种或多种的组合，有助于钻井液录井师检测气体的存在和分析气体成分。

4.2.2 返回钻井液分析

整个气体探测和分析过程是非常有序的，这个过程可得到的数据有钻井液中油和气的含量，岩屑中油和气含量。这些数据构成了气测井，它是一组按井深连续记录的有组织的数据。

通常 TCC 或 HWD 分析的是连续的气体样品。由于这些仪器没有校准到某一绝对刻度，因此其任何气体响应与显示都是相对的，其结果通常用单位（unit）来表示，比如某一个 200 单位油气显示图。

当 TCC 检测到油气以后，用气相色谱仪分析样品。这种设备按甲烷（C_1）、乙烷（C_2）、丙烷（C_3）、丁烷（C_4）、戊烷（C_5）所占百分比来记录气体分析结果。当气样显示为油时，C_3、C_4 和 C_5 的百分比会比较高，显示为气时，主要成分为 C_1 和 C_2。

如果油的含气饱和度较低，只根据钻井液中气的响应是不可能探测到油的。这种情况下，录井人员要用其他方法来检测钻井液中是否含油。有时候通过肉眼观察就能简单地识别出油。由于钻井液大部分是水，油会浮在水的表面，且可通过钻井液池表面或样品的颜色、光泽或油珠识别出来，记录下颜色、密度和荧光性（在紫外灯下油的荧光性）。

在新钻的岩屑中可探测到气体。钻井岩屑样品在密封罐的水中被磨碎。磨碎之后，用热丝探测器或气相色谱仪分析岩屑—流体面上的气体。录井人员也可通过肉眼观察样品的光泽或荧光来检测油气显示。

4.2.3 测量和记录值

记录图可连续记录钻井液中所有的气体。每个测量井段记录的气体值，代表气体随深度的响应，因为从地层被钻开的时间和样品返到地表的时间有时间差，气体的读值也必须把获得气的时间延后或调整到地层钻开后气体到达地表的时间。

在整个测量气体全烃读值中，通常单独设计了几种测量。

（1）全烃气读值：在某一特定层段的最大读值或者在任意点上的总的仪器读值。

（2）背景气读值：它可以是钻井背景气，当钻开像泥岩这样的低渗透层时的平均气体读值。也可以是循环背景气，当钻头循环钻开底部时的平均读值。

（3）接单根气体读值：钻杆在接单根期间，在钻井背景气和全烃读值间出现的差。

（4）后效气读值：经过一段过程从井底返上来的最大的全烃读值。在这段时间内，有可能是几个小时，气体聚集在井底钻井液中。当钻井液重新开始循环时，沉积于底部的钻井液叫做井底，当那部分钻井液循环到地表时，你就能校对井深了。通常，监视器上会显示轻微井喷，这种气体应叫做后效气。

图4-4显示资料卡通常记录了几种气体信息。Ⓐ—Ⓖ列是所有表格中常见的，Ⓐ列记录的是接单根（增加一根新钻杆）的时间，Ⓑ列记录的是钻井深度，Ⓒ列是按每个层记录的钻速。冲程计数器记录着钻井液泵往复完成的冲程次数，Ⓓ列是最后的冲程值，它是冲程计数器记录的每层最后的冲程数。也用迟到泵冲程计数器，它设置一组冲程落后于冲程计数器。当迟到冲程记录数等于最后的冲程数，刚钻开的岩屑回到地表。Ⓔ列是钻井液全烃读值，它是在迟到记录的数等于Ⓓ列的最后冲程数时，记录的每个深度段的读值。

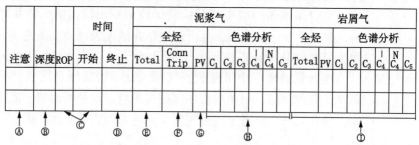

图4-4　简单的数据卡片（选自《Anadrill 三角数据手册》，7-16）
注意每一列值的说明

气体的峰值会出现在接单根、起下钻（从及井眼内起出整个钻具如换钻头时）、测量（如测量井斜时）、以用其他Ⓕ列设计的向下的时间。如果我们在 8034ft 处接了一个单根，那么在 8040～8045ft 层段滞后期间内可观察到异常峰值是 90 个单位。这个气体峰值是由于接单根气产生的——这种气体是在停留时间内从地层中渗出的气体，接单根气体数值等于全烃气读值减去背景气值。

Ⓖ列是热催化燃烧丝的蒸汽的读值。这个值代表着样品中重烃的存在，在一些地区，这种检测还需要辅助Ⓗ列记录的色谱法。

最后一列是Ⓘ，它用于岩屑被采集、磨碎和测量的区域。气体含量的读值被称作钻井岩屑气读值，主要用于渗透率解释。

Ⓔ列内的全烃读值以记录卡上实时记录的连续曲线的形式出现，它们也显示在地层分析测井图、油气显示分析测井图上，或者是压力评价测井图上。最常用的对比曲线是ROP曲线；它通常以条状或点对点的形式，按线性或非线性刻度显示（图4-5）。

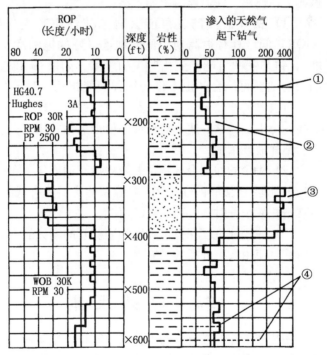

图4-5 气的曲线显示。ROP曲线和其他曲线一道用
作对比曲线（选自《Anadrill的三角手册》，7-18）
这些曲线可表明①起下钻气；②钻井背景；③气体显示；
④渗入井中的天然气

气的全烃测量有三种用途。第一，它能评价油气显示。如果读值增加，在某个层内会有油气显示。读值本身不代表产量。然而，在具渗透能力、高孔隙地层内读值的增加通常表明地层可能有生产能力。第二，气体测量可探测压力。背景气的增加通常指示地层压力的增加。接单根气和异常高的起下钻气通常指示一个近平衡的钻井液系统（油气压力等于地层压力）或者是一个欠平衡的钻井液系统。第三，全烃气读值曲线可以和其他测量曲线进行相关对比，例如电阻率曲线、ROP曲线、自然电位曲线和邻井曲线，这些对比能提供潜在产层的信息。

4.2.4 解释

当钻头钻穿含油气地层时，只有少量的油气进入钻井液并与大量的循环流体混合。油气显示多少取决于钻井和采样因素而与油藏内油和气量无关。通常，我们能得出如下结论：

（1）钻井液气的量可能会对油藏性质产生误导。如果气油比（GOR）低，具有很高期望值的地层（好的饱和度、孔隙度和地层厚度），钻井液中可能产生相对少的气量。如果GOR很高，具有较低预期值的地层可能会产生大量的钻井液气指示。对于有较高期望值的地层，用很慢的速度来钻井，并且使用钻井液循环的速率要比从前使用的要高，与用快的钻井速率对低期望值地层钻井相比，前者可能会产生更少的钻井液气指示。

（2）完全的冲刷会导致钻井液中没有油或气。在钻速很慢时，在很长一段地层中饱和油的孔洞或裂缝型储集层具有低的GOR，它代表了常规钻井液录井时的一种最差的情况。

（3）冲刷评价、保持饱和度和回流管的漏失的不确定性，降低了储层解释时使用数字分类的可能性。

4.3 样品采集

钻井液录井的最重要的工作之一就是从振动筛上收集有代表性的钻井岩屑，并将它们用于岩性识别和油气显示评价。

当岩屑到达振动筛时，它们混在钻井液中，粗细混杂，通常不易识别。振动筛筛分或分离出钻井液中的大碎屑和细粒——地层中微小或粉尘粒级部分。钻井液被过滤后用于再循环，岩屑被送到钻井液储备池。在岩屑被送到钻井液储备池或丢弃之前，钻井液录井人员采集了一些岩屑。

样品被采集后，测井人员可以检查样品，弄清样品是未冲洗和含水的，已冲洗和含水的，已冲洗和干燥的。未冲洗的样品是直接从振动筛采集未做处理的。把它们装进贴有样品标签的包内并送到实验室去。已冲洗的样品也是从振动筛采集来的，但是，在它们被放进样品包之前，多余的钻井液已经被冲洗掉，并且样品已筛掉粗的钻屑（来自井壁而不是井底的岩石碎片）。已冲洗和干燥样品与已冲洗样品处理步骤相同。只是在它们被装袋之前，经过空气干燥或用烘箱烘干。这种样品和岩屑被用来进行岩性识别和观察油气显示的微观分析。

必须小心选择有代表性的样品，不应只选最后到达振动筛的样品。定点采样是一个例外，它只在某一特定地层的顶部深度进行精确定位采集。一旦到达这个测量顶深，在振动筛上应均衡采集样品，并选择有代表性的样品装袋。装袋后的样品被送到石油公司或实验室去分析。

钻井液录井人员有责任对样品进行描述，以下列举了一些比较常见的岩石类型描述。

（1）泥质岩。

黏土——复杂、片状的硅铝酸盐，其粒径＜2μm，两种认可的基本类型是可膨胀性岩石（黏土遇水膨胀，如蒙皂石）和不可膨胀性岩石（伊利石）。

黏土岩/泥岩——矿物成分和粒径与黏土相同，受压实和脱水后被硬化。在岩屑中，区分出这两者很困难。泥岩已经破碎成片状颗粒。

泥灰岩——碳酸盐含量在35%～65%的黏土泥岩（从黏土到泥岩）。

（2）砂质岩。

粉砂岩——粉砂级颗粒或石英颗粒的黏土基岩石，其中间组分介于黏土和砂质岩石之间。

砂岩——纯砂岩颗粒或具黏土骨架的砂岩颗粒，颗粒大小从细到非常粗糙，从有棱角状到磨圆，颗粒分选由差到好，胶结由差到好。

（3）碳酸盐岩。

石灰岩——主要是碳酸钙，滴10%盐酸（HCl）后有很强的嘶嘶声。有多种类型，有些呈颗粒状。

白云岩——与石灰岩类似，镁取代了大部分钙质，滴酸后的嘶嘶声小于石灰岩。

（4）蒸发岩。

硬石膏——硫酸钙或石膏，岩性纯时呈白色，通常很光滑。

岩盐——氯化钠。能形成较大的盐丘或层状。颗粒光滑，可溶于水。

（5）*碳质岩*。

煤——黑色或者深褐色，镜质碳，可能很硬或易碎，也可以以泥炭、褐煤和其他形式的有机物质存在。

（6）*次要矿物*。

黄铁矿——硫化铁，一种伴生于所有沉积岩的浅黄色黄铜矿。如果它的数量很大时，其硬度和化学强度可能引起钻井故障。

海绿石——深绿到黑色的硅酸铁，与云母类有关。

云母——硅酸钙、硅酸镁和硅酸铁，外表呈片状。

4.4　油气显示评价

样品中烃存在的显示要超过本底值。油气显示是从岩性和所含烃类型等方面对油气的存在进行完整的分析，这种完整的油气显示评价可识别油气的存在及类型，确定油气显示的深度和厚度，估算孔隙度和渗透率，给出能表明地层潜在产量的油气显示值。

两种类型的显示能被识别：油和气。气的显示较难识别，但是钻井液录井人员可以看到气量的显著增加。油的显示是除了通过物理方法识别油外，还可通过比甲烷重的烃的增加来识别。

4.4.1　识别

检测烃方式有四种：油味、油浸、荧光和破碎。

油味识别通常不用于岩屑，但它对岩心检测非常有用。虽然难以建立标准，气味仍可分为四类：极微、很淡、味淡或味浓。

油浸，与油味一样，用于岩心时更有用，通常期望的油是浅到无色，而高粘油是深色。油浸描述是根据颜色和样品被浸染的百分比，例如：斑点状、层状。

液态烃在紫外线灯下出现荧光，其数量，亮度和颜色是最早和最好的油气指示。亮度可细分为无、少量、一般和很强，颜色细分的值见表4—1。

表 4-1 荧光的 API 值

API 重力	荧光颜色
< 15	棕色到无
15 ～ 25	橘黄色到无
25 ～ 35	黄色到奶白色
35 ～ 45	白色
> 45	淡蓝色 / 紫色

　　萃取定义为通过溶剂从样品中渗出油，氯乙烷是最常用的试剂。萃取是对含荧光的岩屑样品加入几滴溶剂后完成的。油从样品中析出，荧光从样品进入溶剂，油溶解速率被划分为闪蒸、连续流（瞬间、快、慢）或者不连续溶解（滤出），强度和颜色也被记录下。最后，在白光下记录碟状点周围的残留物。深棕色没有荧光环的物质表明是沥青，或是死油，而不是可采的烃。

　　同样需要确定油或气显示的类型。气显示能通过全烃的增加来识别，或者通过气相色谱仪分析比甲烷重的气体。油显示能够通过下列一种或所有方式来识别：（1）在钻井液表面可见油的痕迹；（2）荧光；（3）重烃气的增加。另外，深度和厚度也有助于评估地层产量。一般油气显示越丰富，从储层中提取的含油体积就越多。

4.4.2　孔隙度

　　除了这些方法，孔隙度、渗透率和油气比也有助于地层评价。根据 ROP 测量可以确定孔隙度。钻速越快，岩石中的孔隙性越好。这种评估方法有助于在油气显示范围确定相对孔隙度。在孔隙性岩石中钻井，最初的指示是出现钻进突变。钻井液录井人员能在显微镜下观察样品，并给出一个肉眼估算的孔隙度。

4.4.3　渗透率

　　测量渗透率所需要的特殊仪器不能直接在野外使用，因此必须在实验室内完成样品测量。从样品能萃取出油，是样品具有渗透性的最简单的情形。正如先前提到过的，闪蒸萃取意味着油能很快地渗出并表明样品有好的渗透能力。连续萃取表明渗透能力中等，不连续萃取意味着渗透能力较差。

4.4.4 油气比分析

油气比分析与储层流体（油、气、水）中甲烷、乙烷、丙烷、丁烷、戊烷的含量有关。如果将每个样品的油气比绘制在油气显示图上，

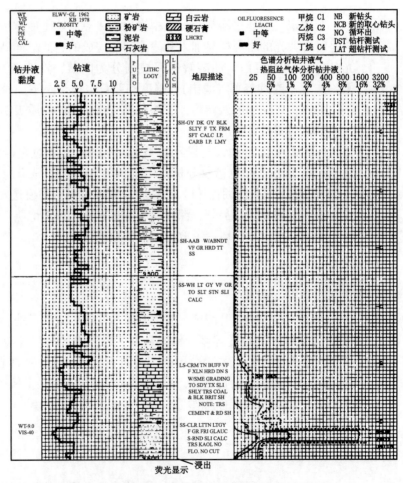

图 4-6　标准的钻井液录井图

注意钻井模块和在 9582 ~ 9590ft 处的好的气显示

则可以确定气／油和油／水边界。

4.4.5 应用

◇◇◇◇◇◇◇◇◇◇◇◇◇◇◇◇◇◇◇◇◇◇◇◇◇

完成油气显示评价有助于：（1）识别油气的存在；（2）为取心和测试程序提供建议。在钻井取心时，油公司的标准程序是钻井液循环到某一钻进突变层并分析钻井液和岩石内的油气显示迹象。在这些分析的基础上，可以进行钻井取心——有时连续进行钻井取心，直到通过了油／水界面。完成这些以后，可以继续进行钻井。除了钻井取心，油气显示评价也可以与邻井及电测井资料对比辅助储层解释。

钻井液录井一直就是生产层的最初显示之一。在图 4-6 上，注意 9582 ~ 9590ft 处的油气显示。所记录的许多信息来自很有希望的地层——细粒、易碎的次圆状的海绿石和含微量高岭石黏土的钙质砂岩层，在测井图的右边有好的气显示。钻时曲线与其他电测井参数相关性很好。钻井液录井是一种非常有用的工具，它更多的是作为一种指示，表明何时何地需要更仔细地研究地层。从第 5 章开始，我们研究电缆测井曲线并证实根据钻井液录井曲线得到的信息。

5 电阻率测量

正如我们在第 3 章看到的，不同的地层有不同的电阻率。更重要的是，地层电阻率是随孔隙度、地层水矿化度和油气含量而变。尽管我们不能直接测量地层中烃的含量，但是我们能够通过电阻率测量帮助推断或估计油气量。

测量地层电阻率的测井仪器有三种类型：感应测井、聚焦电阻率测井和非聚焦电阻率测井（注意单词"测井"，它可在测井仪器与测井曲线之间互换）。这些仪器也可进一步划分为测量薄层的，如微电阻率测井仪，和那些测量相对较厚的地层的测井仪。

非聚焦电阻率测井的原始形式是最早通过电缆记录的测井曲线（电缆是用绝缘电线隔离的钢丝绳或多芯导线或者是在钢丝绳股下方的缆芯）。这种仪器是由两名法国兄弟马科尔·斯伦贝谢和科纳德·斯伦贝谢兄弟发明并完善的。

随着测井工业的发展，新的电阻率仪器不断被推出，与原始的电法测井相比，它们能提供更加精确的测量值，使解释更加容易，能用于更复杂的环境。今天，最常见的电阻率型仪器是双感应聚焦测井仪，双侧向—微聚焦测井仪、微侧向测井仪和微电阻率测井仪。

工程师们几乎从一开始就意识到，由于侵入的影响需要不止一种电阻率测量。如图 5-1 所示，原状地层的含水饱和度显示在左边的位置上。在地层底部，地层 100% 含水（S_w=100%），冲洗带电阻率 R_{xo} 是 5Ω·m，未侵入地层电阻率 R_0 是 2.5Ω·m（在第 3 章里当 S_w=100% 时，R_0=R_t）。

靠近井眼处的 R_{xo} 比 R_0 值要高，因为冲洗带的钻井液滤液电阻率通常要比未被侵入地层部分的 R_w 要高。偶尔，工程师会测量到钻井液滤液电阻率比 R_w 低的地层。这可能是由于钻井时使用的是盐水钻井液或者地层非常浅，那里的地层水通常比较淡（含盐少，高电阻率）。

在地层顶部 S_w=25%，R_{xo} 大约是 9Ω·m，地层真电阻率 R_t 大约是 40Ω·m。顶部地层的 R_{xo} 值比底部地层的 R_{xo} 值高，这是因为当钻井液滤液冲洗地层时有一部分油气留下了，油气具有较高的电阻率。换句话说，如果地层含有油气，则 S_{xo} < 100%，但是大于 S_w 值。由于油气的

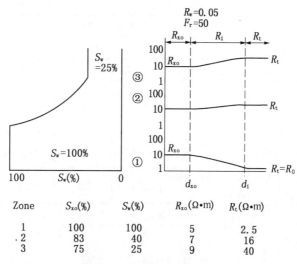

图5-1　侵入带的电阻率剖面

Zone	$S_{xo}(\%)$	$S_w(\%)$	$R_{xo}(\Omega \cdot m)$	$R_t(\Omega \cdot m)$
1	100	100	5	2.5
2	83	40	7	16
3	75	25	9	40

存在 $R_t > R_0$，油气充填了一部分孔隙空间，因此地层水所占用的空间就减少了。由于地层的电阻率值取决于地层水存在的数量（其他因素如矿化度和孔隙度也同样重要）。电阻率值随着地层水量的减少而增加。

正如你所见的，侵入的影响导致电阻率在井眼附近发生变化。电阻率有时高，有时低，这取决于钻井液滤液电阻率、地层水、含水饱和度和孔隙度。在水平方向测量的地层电阻率距井眼越远，与地层真电阻率值越接近。

使用电阻率仪时我们遇到的问题之一是很少有仪器能探测到足够深的地层真电阻率值（表5-1）。但是因为我们知道被侵入地层电阻率的近似剖面，并且因为能够测量孔隙度（用其他的测井仪器）和估算 R_w，我们可以做出相关曲线或图表来给出 R_t 较好的近似值。利用这个较好的 R_t 值我们能够计算 S_w。如果 S_w 低，则地层就会有潜在的生产能力，如果 S_w 高，则地层是水层。

表5-1　电阻率仪器的用途和适用范围表

仪　器	用　途	测量参数	VR*	D_i**	适用范围
电法测井	淡水钻井液，厚层	R_t, R_i	16in ~ 20ft	16in ~ 20ft	不适合薄层
感应测井	淡水钻井液，空气或油基钻井液	R_t, R_i	5ft	5 ~ 20ft	$R_t > 100$，$R_m < R_w$ 的盐水钻井液
双感应测井	淡水钻井液	R_t, R_i	18in ~ 5ft	30in ~ 20ft	$R_t > 100$，$R_m < R_w$ 的盐水钻井液

续表

仪　器	用　途	测量参数	VR*	D_i^{**}	适用范围
侧向测井	盐水钻井液	R_t	12 ~ 32in	80in	
双侧向侧井	盐水钻井液	R_t，R_{xo}	24in	> 80in	
微电极测井	淡水钻井液	表征渗透率 CAL	2in	< 4in	孔隙度>15%，h_{mc} < 1/2in
微侧向测井	盐水钻井液和淡水钻井液	R_{xo}，CAL	2in	< 4in	h_{mc} < 1/2in
微球形聚焦测井	盐水钻井液和淡水钻井液	R_{xo}，CAL	2in	< 2.5in	

* 纵向分辨率；** 探测深度。

5.1　感应测井仪器

在某些地区，水基的导电钻井液导致水敏的黏土矿物膨胀从而对地层造成损害。地层的渗透率因此被降低，导致了严重的开采问题。为避免地层损害，许多井采用油基钻井液或无钻井液（空气钻井）钻井。遗憾的是，在油基钻井液或空气中，电测井仪无法工作，它需要钻井液柱来传导从仪器到地层间的电流。于是感应测井仪器被研发出来，它提供了一种用油基钻井液（非导电钻井液）或空气钻井时进行测井的一种方法。

尽管感应测井仪器是为在非导电钻井液中工作而研发出来的，工程师不久还是意识到这种仪器在淡水钻井液中比原先使用的电测井仪更加好用。感应曲线比较容易读值，在电阻率数值不大于 $200\Omega \cdot m$，并且 $R_{mf} > R_w$ 时，它的读值更加接近地层真电阻率。

感应测井仪器是利用磁场和电场的相互作用来工作的。当电流通过某一导体时，磁场就产生了。如果电流交替变化，在电流交替变化的地方，磁场在反向电极的作用下以同样的速度产生变化。如果导体在某一磁场中移动，在导体内就会感生出一个电压。通过改变磁场，在稳定的导体内也可以感生出电压。感应测井仪器就是应用这些原理进行工作的。

图 5-2 反映了感应测井仪器的工作原理。高频发射探头通过被安装在测井探测器或仪器上的线圈发射电流，这股电流在仪器周围产生一高频电磁场，并延伸进入地层。不断变化的磁场感生出电流，该电流流入与感应测井仪器轴同心的地层。这种电流（也叫做接地回路）是与地

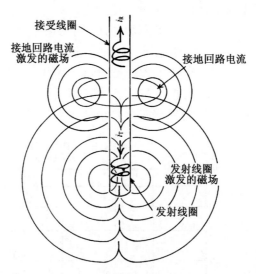

图 5-2 感应测井仪器工作原理图

层的电导率成正比的。当磁场和发射电流流入发射线圈时，他们以同样的频率进行变换。接地回路电流也产生了一个自己的磁场。这个二级磁场感生出电流流入位于感应探测器内的接收线圈内。接收线圈内流动的电流量与接地回路电流量成正比，因此得到地层电导率。接收线圈的信号被探测、处理和记录在测井图上，也就是电导率 σ 或电阻率测量值（$\sigma = 1/R$）。

　　图 5-2 上的仪器说明了带两个线圈的仪器。实际上，另外还有线圈用于聚焦主发射和接收线圈的影响，来剔除井眼（井眼影响）和邻近围岩地层（围岩效应）的无用信号。常用的感应测井仪器有六个不同的线圈。对于一个标准的深感应测井仪器，其探测深度（能够获得大部分测量贡献的深度）大约是 10ft。纵向分辨率——仪器能够探测到的最薄的厚度是 40in。探测深度和纵向分辨率都受主发射线圈和接收线圈间距以及聚焦线圈排列的影响。通过精心地选择这些参数，我们可以为仪器设计不同的探测深度。因此，可以测量穿过侵入带的电阻率剖面，并校正深感应测井值使它更接近于我们想要的 R_t 值。

　　多年来，感应测井是高孔隙度、中等电阻率地层应用最普遍的仪器，例如在加利福尼亚和海湾地区。感应测井的纵向分辨率大约是 3ft，其探测深度大约是 10ft。它可以和短电极电位曲线或者浅侧向测井曲线联合使用（这两种电阻率测井曲线将在以后的章节中描述）。当孔隙度高时，由于侵入不是很深，经过井眼和围岩影响校正后，这两条曲线可

以用来确定 R_t。

　　双感应测井—侧向测井适用于那些比加利福尼亚——海湾地区孔隙低、侵入更深的地层。这种仪器能够测出两条感应测井典线（R_{ILD} 和 R_{ILM}），其纵向分辨率大约是 40in。然而，深感应测井（R_{ILD}）探测深度最深，中感应测井（R_{ILM}）探测深度是深感应测井的一半，浅侧向测井的测量值与这两种感应测井结合起来就能对电阻率剖面进行很好的描

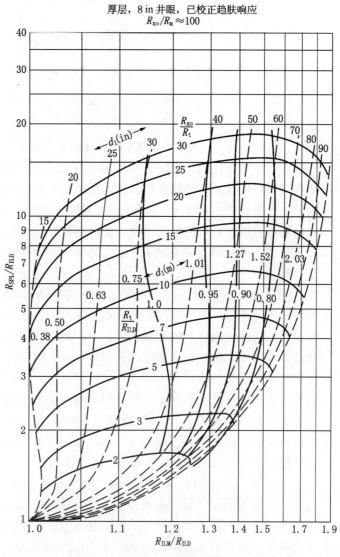

图 5-3　旋风图版（斯伦贝谢公司提供）

述，图5-3是张典型的旋风图版（之所以这么叫是因为它的形状像旋风），它可用于校正双感应测井、球形聚焦测井从而获得 R_t 值。

随着微处理机和现场计算能力的发展，用早期技术不可能实现的新的感应测井仪器产生了，新的感应测井仪器使用了多个聚焦系统或阵列感应测井线圈。感应测井线圈使用多个聚焦系统的概念在20世纪50年代末期就被提出来，大量资料需要处理，使得这个概念的发展直到20世纪90年代才变得实用。此时大量资料处理能力的增加，使改善仪器设计成为可能。

通过组合不同间距的线圈和同时使用几种频率，可以测量到从前感应仪器没有利用的信号部分，阵列感应测井仪器能够测量呈放射状分布的电阻率剖面。仪器可记录距离井眼10in、20 in、30 in、60 in 和90in的电阻率，纵向分辨率可以由测井工程师选择，它可以是1ft、2 ft 或4ft。$R_t/R_m \leqslant 500$ 且 $R_{xo} < R_m$ 时，仪器能够测量地层电阻率。井下条件下测量的实际的钻井液电阻率可用于校正由于井眼不规则（光滑度）或

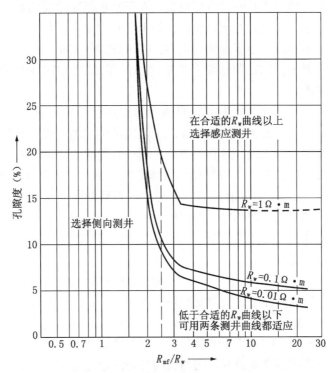

图 5-4 选择侧向测井或感应测井的条件
（斯伦贝谢公司提供）

钻井液电阻率的影响。

感应测井仪器最初是用于非导电流体充填的井眼，但是今天它们大多用于导电的、水基钻井钻井液中。尽管通过仪器设计可使井眼的影响最小化，但是所有感应测井时还是一定程度地受到钻井液充填井眼的影响。只有当地层电阻率小于 $100\,\Omega\cdot m$ 和 $R_{mf} > R_w$ 时，使用单感应测井或双感应测井仪器测井才能使井眼影响达到最小。井眼信号的校正图版可以从测井公司获得（图 5-4）。

在高电阻率地层或者在钻井液电阻率非常低时，不论感应测井还是电法测井都不太适用。钻井液柱会使电法测井的电流短路，导致曲线读值太低或曲线无法分辨。对于感应测井，当地层电阻率和钻井液电阻率相差较大或其比值较高时，钻井液柱对总信号的贡献较大。在这种条件下，感应测井的读值也很低。对于高电阻率地层需要一种比感应测井和电法测井更好的测量仪器。像那些在中东和落基山脉的地层。为满足这种需要研发出了聚焦电测井。在 R_t/R_m 比值高、地层电阻率 $> 100\,\Omega\cdot m$ 或者 $R_m < R_w$ 时通常会选用这些仪器。（通常这种情况使用的是盐水钻井液）。

对于聚焦电测井，聚焦电极迫使测量电流进入地层，图 5-5 说明了最简单的聚焦测井，即三个电极的侧向测井或屏蔽测井。探测器内安装了三个电极并且它们彼此之间相互绝缘。在上部的屏蔽电极或聚焦电极，被称为 A_1；在下部的聚焦电极是 A_2，中间电极是测量电极 A_0。

由 A_0 发射出恒定的电流，调节两个聚焦或屏蔽电极 A_1 和 A_2 使得许多流过它们的电流被聚焦后被迫进入地层。因此，较低的钻井液电阻率或较高的地层电阻率对测量电流的影响很小，从而可获得较精确的电阻率测量值。

这些年来已经开发出各种各样的侧向测井仪器，在目前所用的侧向测井仪器中，最常见的是双侧向测井仪。这种仪器与双感应测井仪类似，能测量出深侧向测井和浅侧向测井曲线。它通常与安装在极板上贴井壁测量的非常浅的侧向测井仪器联合使用。这种较浅测量的曲线被称为微球形聚焦测井，它测量的是冲洗带电阻率。当钻井液滤液侵入地层时，这种组合测井可以确定电阻率剖面。

由于在这些测井方法中电流的路径是通过钻井液柱到井壁，通过侵

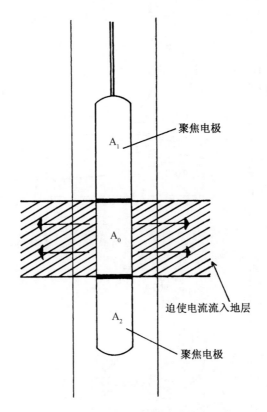

图 5-5 聚焦电测井或侧向测井的原理图

入带然后到达原状地层，电阻率读值是这些不同区域地层的组合。钻井液和侵入带对侧向测井仪器测量电阻率的影响比对非聚焦仪器的测量要小得多，其特征是校正量非常小。当需要进行校正时，图版（图 5-6）可以用来对电阻率读值进行层厚、钻井液、侵入等方面校正，从而在图版上（图 5-3）得出较好的 R_t 估计值。

为了确定使用哪种仪器（感应测井或侧向测井），首先要估计地层水的特征（可根据邻井）；第二步估计 R_{mf} 值，另外，如果钻井液系统相同，可以使用来自邻井的信息；第三步计算 R_{mf}/R_w，第四步估算地层孔隙度。这些数值不可能太精确，仅仅只是合理的猜测。

例如：井 A R_w=0.04 ～ 0.08Ω·m，R_{mf}=0.2 ～ 0.3Ω·m，ϕ=15% ～ 25%；R_{mf}/R_w=0.2/0.08 ～ 0.3/0.04=2.5 ～ 7.5。

如果 R_{mf}/R_w=2.5 ～ 7.5 并且孔隙度是 15% ～ 25%，则选择感应测井。如果 R_{mf}=0.02Ω·m（盐水钻井液系统）、R_{mf}/R_w=0.02/0.04 ～

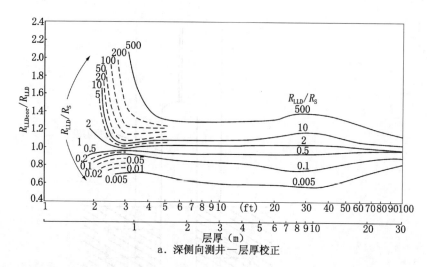

a. 深侧向测井—层厚校正

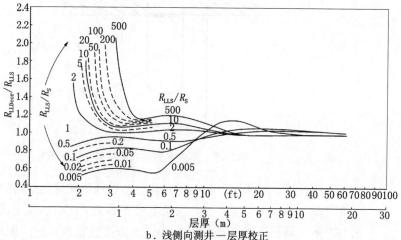

b. 浅侧向测井—层厚校正

图 5-6 标准的层厚校正图版（斯伦贝谢公司提供）

0.02/0.08=0.5 ～ 0.25，则选择侧向测井。

5.3 电 法 测 井

电法测井或称为 E- 测井，由于测井曲线库中存有许多这些老的测井曲线，地质家们仍用这些曲线绘制地层图和进行勘探，它们仍有价值，尽管电法测井机理简单，但由于井眼的影响以及各种电极的排列方式的影响，准确读出曲线值非常困难。

图 5-7 说明了一个简单的四电极测量系统，它也叫电位电极系测

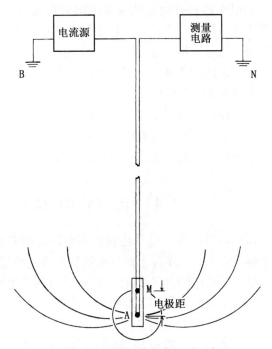

图 5-7　电测井中电位电极系示意图

井。通常电极系上有两个电位测量电极，其中短电极距大约是 10 ～ 16in，另外一个称为长电位，其间距是 64in。

从电极 A 中发射出恒定的电流然后返回到地面电极 B，它们之间间距较长，电流基本上是以球形的方式从 A 点流出。以电压为 0 的 N 点作为参考电极，测量出 M 点的电压。由于从 A 发射的电流是恒定的，M 点电压的变化是由于地层电阻率的变化造成的（根据欧姆定律，电压 = 电流 × 电阻率 × 面积 / 长度）。

另外的四电极仪被称为梯度电极系测井，它与电位电极的工作原理相同，主要差别在于三电极 A、M 和 N 在一个电极系内。电极 M 和 N 相距较近，可以测量出它们之间的电压差。和电位电极系相比，梯度电极系的优点在于它的探测半径较深（曲线能覆盖地层的范围）——大约是 18ft。然而，即使对于很有经验的测井分析家解释梯度曲线也比较困难。

电法测井通常是由四种测量曲线组成的：自然电位（SP）曲线、三种不同探测深度的电阻率测量曲线：16in 的短电位，64in 的中电位，和 18ft 的长电位或 8in 梯度电极。在美国的部分地区，用 10ft 梯度电极取代了 64in 的电位曲线。

利用电法测井确定地层真电阻率更像是一种艺术而不是科学，需要遵守许多规则，进行许多校正判断。在试图根据测井曲线获取较准确的电阻率值时，地层厚度、钻井液电阻率、泥岩电阻率和测量仪器的类型——电位或者梯度——都必须进行权衡。遗憾的是，老的电法测井被许多更容易读取测量值的方法所取代，比如感应测井和侧向测井。

尽管存在这些困难，也不要仅仅是因为更先进和更容易读值的测井方法相继出现而轻易放弃电法测井。电法测井读值对地层电阻率和侵入带通常能有较好的显示，利用这些测井曲线发现了大量的油气。

5.4 自 然 电 位

自然电位曲线，通常也包括在电阻率测井系列中。SP 不是一种电阻率测量方法，它实际上是导电的钻井液与地层接触时产生的电压或电位（早期对电压的定义）。由于电压是自然产生的，因此它是自然电位。

在早期的测井界关于自然电位的起因（甚至其存在）曾进行过激烈的争论。由于有大量的其他测井方法的存在，虽然 SP 对测井解释起不到关键性的作用，然而 SP 测井仍然能够提供非常有用的信息，尤其在比较老的测井系列中。

SP 曲线最常见的用途是用来进行井间相关对比，确定渗透层，计算地层厚度，计算 R_w 和识别泥质含量。SP 测井只能在井眼内充满导电钻井液的情况下完成，这是因为钻井液滤液是产生 SP 电压的关键成分，这种测井方法不能在油基钻井液或者在空气钻井的井眼内测量。

SP 的产生是钻井液（尤其是钻井液滤液）、地层水、侵入带和砂泥岩的存在共同作用的结果。SP 电压的产生是由于各种流体矿化度的不同产生电化学反应的结果。本质上它更像一个类似于汽车电瓶的湿电池。

由于泥岩颗粒非常细小，流体不能在其内流动。然而，泥岩层吸附这些层面上的负电荷只允许 Na^+ 离子通过却阻止 Cl^- 离子通过。如果渗透砂岩地层水中含有 Na^+ 离子，泥岩将其与另一种含有不同离子成分的溶液（钻井液）隔离开，当正电荷的 Na^+ 进行迁移时就形成了电流。如果钻井液比地层水所含的 Na^+ 离子少，电流将从地层水通过泥岩流到井眼内。由于薄膜电位差这种流动是很可能的，对产生的电压而言，泥岩的作用类似于筛子，它过滤掉了除正电荷的 Na^+ 离子以外的其他物质。

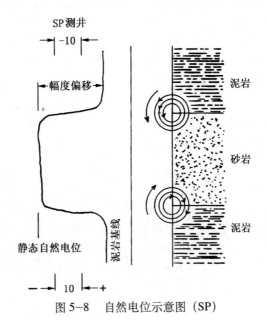

图 5-8　自然电位示意图（SP）

薄膜电位占 SP 的 80%，剩余的 SP 是由于钻井液柱，钻井液滤液与地层水的接触造成的。因为 Cl^- 的迁移速度比 Na^+ 快，有更多的负离子通过这两种流体的接触面，这种影响被称为流体接触电位，我们将它与薄膜电位一起合称为自然电位或幅度差。

纯地层（无泥岩）SP 值的大小与钻井液滤液电阻率和地层水电阻率比值成正比（R_{mf}/R_w）。我们可以利用这个关系计算 R_w。

位于深度道左边的第 1 道是 SP 曲线。SP 的测量单位为 mV。如图 5-8 所示，对应泥岩，有一相对恒定的读值叫做泥岩基线，如果 $R_{mf} > R_w$，对应砂岩来说，SP 通常向左偏移（远离深度道）。如果砂岩厚度足够大，通常它会达到一恒定值，被称为静 SP（SSP），在井眼内如果没有电流流动就能测量到最大的 SP。如果砂岩层厚度薄或地层电阻率高，SP 将不能达到它的最大值，就必须进行校正。

在低电阻砂岩层（如含水砂岩，$S_w=100\%$），若 R_t 与钻井液电阻率 R_m 接近，当地层厚度 h 是井眼直径 d 的 15 倍时，就能达到 SSP 值。对于正常的井眼直径范围，就意味着地层厚度大约是 7 ～ 15ft。如果 h 是 d 的两倍，则 SP 曲线可达到 SSP 的 90%。然而，高电阻率地层可能含有油气，要得到 SSP 值，就必须有相对比较厚的地层。如果 $R_t > 20R_m$，则对于厚度是 15d 的地层，SP 将仅仅是 90% 的 SSP。在这种情形下，要得到 100% 的 SSP，我们需要有厚度将近 40ft 的地层；对于厚度仅仅是 2*d* 的地层，SP 将比它真实值的 30% 还少。

渗透性地层如砂岩，要具有自然电位差就必须与泥岩相邻。那么对于像石灰岩或白云岩这种非渗透性、高电阻率地层将会如何呢？首先，自然电位的产生必须具备一些渗透性。但碳酸盐岩由于具有较低的渗透率，它们通常没有 SP；第二，高电阻率的碳酸盐岩地层促使由砂泥岩层产生的 SP 电流停留在井眼流体内直到它们通过高电阻率地层，然后到达砂岩或泥岩层（图 5-9）。

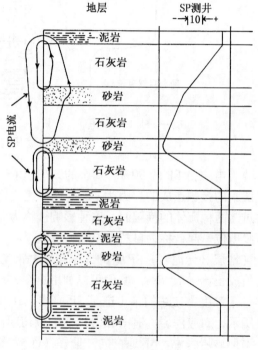

图 5-9　砂岩/泥岩/石灰岩序列
SP 曲线形态

石灰岩的存在使得 SP 的解释更加复杂。通常来说，根据一些其他测井方法，比如孔隙度测井，可以很容易地识别岩性。由于我们不是总能确信所测量的 SSP，R_w 的计算不太可靠。注意图 5-9 上 SP 曲线以直线的形式穿过石灰岩部分与渗透性地层相连接，石灰岩可能使（砂岩或泥岩）地层看起来比它实际的厚些。

5.5 微电阻率测井仪器

微电阻率测井仪器被设计用于测量 R_{xo} 值，即冲洗带电阻率。由于冲洗带可能仅仅有 3in 或 4in 深，R_{xo} 仪器探测的都是非常浅的地层。电极被安装在贴靠井壁的可伸缩的极板上，因此能消除大部分钻井液对测量值的影响。

R_{xo} 值有几种用途，根据算法，如果冲洗带含水饱和度 S_{xo} 已知或者能估算出，用电阻率的比值可求得含水饱和度。该方法的优点是不用孔隙度测量值可计算含水饱和度。除此之外，还可以根据方程 $F_r = R_{xo}/R_{mf}$ 计算出地层电阻率因子 F_r。

5.5.1 微电极测井

最早的微电阻率测井仪器是微电极测井仪。这种仪器的极板充满了绝缘油，并且极板上安装有电极。极板在推靠极板的作用下紧贴井壁。电流流动的路径如图 5-10 所示，在理论上，这两条电阻率曲线与电测井的电阻率测量值密切相关，只是物理量更小。

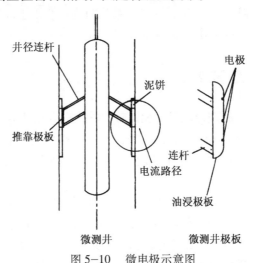

图 5-10 微电极示意图

第 1 道内输出一条井径曲线，可用来测量井眼直径、识别泥饼的存在和厚度，而两条电阻率曲线——1in×1in 微梯度和 2in 的微电位曲线分别位于第 2 和 3 道，微梯度曲线比微电位曲线的探测深度浅。

探测深度的不同可以用来识别渗透性。如果地层有侵入，钻井液中的固体物质将会在地层表面形成泥饼，泥饼电阻率通常低于与井眼直接相邻地层的电阻率。由于微梯度探测深度非常浅，它主要测量的是泥饼电阻率。微电位探测深度较深，可探测到一些被侵入的地层。因此，如果地层被侵入，微电位电阻率将比微梯度数值高。如果没有侵入，这两条曲线数值将相同。

微电极曲线的主要用途是在中、低电阻率地层中识别渗透性和估算储层厚度（由于它对层边界非常灵敏）。然而，可以利用微电极值与孔隙度、地层因子和 S_{xo} 关系的基础图版来计算孔隙度。在发明其他孔隙度仪器之前，测井评价一直使用这种方法。尽管至今仍在使用微电极曲线，但由于发明了更好的 R_{xo} 仪器和孔隙度测量仪，它们已经不太重要了。

5.5.2 微侧向测井

微侧向测井（MLL）在原理上与它的老大哥侧向测井 (LL) 相类似。这种仪器携带有小的同轴电极，这些电极被安装在一个可伸缩的极板上并紧贴井壁。外侧的屏蔽电极迫使电流流入地层，并防止电流通过泥饼形成短路。由于这个原因，微侧向测井被用于高阻地层的测量。井径测井和普通的微电极测井也同时一起记录。

5.5.3 微球形聚焦测井

微球形聚焦测井（MSFL）与球形聚焦测井的测井原理相同。除了它使用的是比较小的刻度外，它同样也是极板型仪器，经常与双侧向测井或密度测井（将在以后讨论）组合进行测量。像 MLL 一样，MSFL 也是用对数刻度的。

微电阻率仪器主要用于含气地层储量的评价。这些测井方法可用于确定如下参数：侵入深度、冲洗带含水饱和度、可动烃（$S_{xo}-S_w$）、深感应测井和侧向测井对比值、渗透率、井眼直径、地层厚度、孔隙度。

本章我们讨论了存在侵入影响的电阻率剖面（详见第 3 章）和确定电阻率剖面的方法，选用何种电阻率测量仪取决于地层类型和它们的电阻率值的高低。在中低电阻率地层中，使用单或双感应测井仪器进行测量；在高电阻率地层，最好使用侧向测井仪器；微电阻率测井仪器用来确定冲洗带和侵入带地层电阻率。

我们同样也认识了 SP 曲线，它经常被用来对同一口井不同次测井进行对比，确定地层水电阻率，给出砂岩含量（净砂岩厚度），指示其渗透性。所有电阻率测井方法中，除了微电阻率测井都包含 SP 曲线，它也可能包含在其他测井项目比如声波测井中，这将在第 6 章加以讨论。

6 孔隙度测量

第 3 章讨论了孔隙度，即储层岩石的孔隙中能容纳流体的空间。孔隙度测量的是体积百分比，地层没有孔隙则孔隙度就等于 0。大多数储层岩石的孔隙度范围在 6% ~ 30% 之间，孔隙度越大，则岩石包含的流体就越多，因此，石油工程师和地质学家都对孔隙度相当感兴趣。

如果我们能直接测量地层的孔隙度，就像它们存在于地层内似的，石油勘探就变得简单了。遗憾的是，孔隙度是不易确定的参数之一。由于我们不能直接测量井眼内的孔隙度，因此必须通过其他测量方法来推测。

准确的孔隙度信息是很重要的，因此大量的研究经费被用来研发测量视孔隙度的方法和仪器（视孔隙度是指在给定地层由特殊仪器读出的孔隙度）。每种仪器可以对相同的地层确定出不同的视孔隙度。

问题也就自然产生了：因为不同的仪器给出不同的孔隙度数值，这些数值中哪一个是正确的孔隙度呢？答案是，在适当的条件下，所有这些仪器都能对储层岩石的孔隙度进行精确的确定。

6.1 岩 心

常见的一种孔隙度测量类型是岩心孔隙度。为了确定岩心孔隙度，工程师采集一块地层样品，被称为岩心。一种被称为取心筒的特殊的钻井工具被下入井筒（图 6-1a）。仪器的环形钻头钻入井眼，使实心地层被塞入仪器中空部分。在钻取了合适的厚度后，仪器被拖回地面，取出工具内被钻取的地层。一旦从取心筒内取出岩心，就将它装袋并送到实验室进行各种各样的测量，这也包括孔隙度测量。

另一种获取地层样品的方法是通过电缆将井壁取心器下入井筒（图 6-1b）。这些取心器把中空的钢弹射入地层，取出子弹时，它们就含有地层样品。随后在实验室内对岩心样品进行孔隙度、岩性、渗透率和非常规矿物分析。

岩心孔隙度不同于真实的地层孔隙度，其原因可能存在于以下几个方面：岩心在取出的过程中其岩石特性可能发生了改变，被测量的岩心

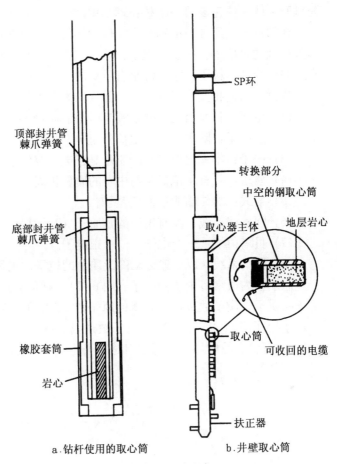

a.钻杆使用的取心筒   b.井壁取心筒

图6-1 取心仪

部分可能没有代表性（实际仅仅分析一小段地层），或者所分析的岩石体积可能太小，漏失了地层中的变化。但是，岩心是唯一让人们看见地层的方法。利用测井曲线，必须运用我们的想象，通过岩心，能够真实地了解地下岩石。

6.2 亚原子间的相互作用

目前常用的孔隙度仪器至少有两种，尤其在那些砂岩、石灰岩、白云岩和泥岩岩性混合的地区。这两种常用仪器是补偿密度测井仪和补偿中子测井仪，它们都是利用地层对不同类型放射性粒子辐射的响应来测量密度孔隙度或中子孔隙度。为了能理解这两种仪器测量原理，让我们先抛开主题，快速复习一下核物理知识。

核物理方面所涉及的物质在尺度上不同于任何普通的物质。核物理学家接触的是原子、中子、电子、质子、正电子和其他亚原子单位，所有这些单位都是粒子，它们都是有质量的。

为讨论它们相互作用的类型，需要熟悉以下粒子。

（1）电子：具有负电荷并且具有很小的质量。

（2）正电子：除了具有正电荷外与电子相同。

（3）中子：不带电但是它的质量是正电子或电子的 2000 倍。

（4）质子：具有正电荷且与中子的质量相同。

（5）射线：能传输能量的核粒子。

（6）阿尔法射线：没有电子的氦原子（2 个中子 +2 个质子）。

（7）贝塔射线：一个电子或一个正电子。

（8）伽马射线：以光速运动的无质量的粒子，也称光子。

原子核内通常有中子和质子（图 6-2）。亚原子的主要成分是电子、中子和质子。质子数决定了元素的原子数 Z。中子、质子和电子的总数决定了原子重量 A。质子数与电子数通常相等，致使原子的电荷平衡（电子具有较少的质量，因此它们对原子的重量和质量贡献很小）。

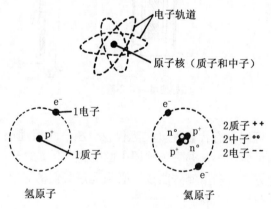

图 6-2　原子核结构

如果一个原子被一个或更多这些粒子（中子、电子、α 射线等）轰击，将发生许多反应，这取决于轰击粒子的能量，粒子类型和带给原子能量的大小。当一个原子被伽马射线轰击时，可能发生三种类型反应：光电效应、康普顿散射和电子对的产生（图 6-3）。

光电效应产生时，伽马射线（γ）能量小于 100keV（千电子伏特），[电子伏特是一种能量测量单位。如果一个粒子具有 1keV，它的

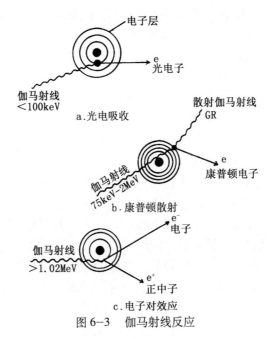

电子层

e⁻
光电子

伽马射线
<100keV

a.光电吸收

散射伽马射线
GR

伽马射线
75keV~2MeV

e
康普顿电子

b.康普顿散射

e⁻
电子

伽马射线
>1.02MeV

e⁺
正中子

c.电子对效应

图 6-3　伽马射线反应

能量就是具有 1eV 的粒子的能量的 1000 倍]。低能的伽马射线接近原子的原子核时，会被完全吸收，然后在空间释放出一个电子。这种反应和原子的原子数、入射能量或轰击能量及伽马射线能量有关。如果我们知道伽马射线能量，就能够完成一个与光电效应成正比的测量，换句话说，就能够近似知道原子数。由于我们所遇到的原子数（主要是硅、氧、钙、氢和铁）以及储层中岩石的混合物相当有限，我们能够计算不同地层的光电效应。这样，这种测量可以识别出岩性，并且在很大程度上不受孔隙度的影响。

　　如果伽马射线的入射能量在 75keV 和 2MeV（兆电子伏特）之间时，则伽马射线和原子核之间的反应主要是康普顿散射。发生康普顿散射时（发生弹性碰撞反应时能量与动量守恒），伽马射线与一个电子相碰撞，并且将它自己的部分能量传递给那个电子（弹性碰撞反应，与台球之间的碰撞反应相类似。当母球碰撞另一个球时，静止的球将接收一部分它的能量。如果忽略摩擦力，两球在碰撞前后总的动量相同。换言之，撞击前的母球动量将与撞击后的母球动量和被撞击球的动量之和相等）。相互作用的数量与一个单位体积内存在的电子数成比例（单位体积是指每个边长都是单位长度的立方体）。

　　中子经常被当作轰击的粒子。根据它们受到的相互作用可进行分类，分类方式与伽马射线相同。这些相互作用对应于以下能量级别。

（1）快中子：100000 ~ 15000000eV。

（2）慢中子：近似 1000eV。

（3）超热中子：近似 1eV。

（4）热中子：近似 1/40eV。

测井时使用的中子来自测井仪器上所携带的源。源包含的放射性物质处于高能状态时，能自然发射进行弹性碰撞作用的快中子。然而，每次弹性碰撞会使中子损失一部分能量。结果是，中子可能经历所有的能量级别——慢中子、超热中子和最后的热中子——在被原子俘获前最终失去足够多的能量。

俘获是中子可能要经历的另一种类型的相互作用。当中子被某一原子吸收或者俘获时，则原子处于激发态（高能态）并且通过发射伽马射线来释放能量。这种射线被称为俘获伽马射线。

高能中子的弹性散射作用有时被叫做碰撞球作用。想象一下高速的中子与静止的原子发生碰撞。如果原子的质量远远大于中子的质量，中子将被弹回并且只损失非常少的能量，就像高尔夫球掉落到人行道上。人行道一点也没动，但是重量较轻的高尔夫球反弹回与它落下时几乎相同的高度，只损失了很少的能量。

另一方面，如果中子与和它质量基本相等的物质发生碰撞，它的大部分能量将会传递给被撞击的物体，这就像用母球击打被撞的台球，如果台球被呈直线撞击，大部分能量将传递给这个目标球，而母球将会停止不动。

中子与氢原子的质量几乎相同。因此，中子损失的能量多少与氢原子存在的数目成正比。经过几次碰撞之后，中子逐渐减慢到足以被附近的原子核吸收或者俘获。然后原子核释放出俘获伽马射线。通过测量这些被俘获的伽马射线，我们能按比例测量出氢核存在的数量。由于多数储层岩石都不含氢原子，而油和水都含有氢，因此氢原子的数量能够指示孔隙度。

6.3　自然伽马测井

除了测量归因于感生的放射性，测量井眼内自然产生的放射性也是可能的。自然伽马测井（GR）不是孔隙度测井，它通常与孔隙度测井（也和电阻率测井）组合在一起测井。自然伽马测井最主要的作用是确定地层的泥质含量。同样，自然伽马曲线与自然电位曲线通常有较好的相关性，因为它们都能反映地层的泥质含量。自然伽马曲线记录在第1道内。

用这种仪器测量的 GR 是自然产生的伽马射线，而不是像密度仪器那样，测量的是放射性源产生的感生伽马射线。这些自然伽马射线是由放射性的钾、钍、铀发出的。钍和钾主要与泥岩有关（伊利石、高岭石、蒙皂石），而铀可以存在于砂岩、泥岩和一些碳酸盐岩中。

总之，GR 曲线几乎不受孔隙度的影响，但能较准确地指示泥岩。通过将相关曲线读值与 100% 泥岩读值（GR_{sh}）进行比较，可以从方程中估算出地层的泥岩体积 V_{sh} 含量：

$$V_{sh}= (GR_{sh}-GR_{zone}) / (GR_{sh}-GR_{clean})$$

式中　　GR_{sh}——泥岩的自然伽马值；

GR_{zone}——目的层的自然伽马值；

GR_{clean}——相邻地层中最低的自然伽马值。

在图 6-4 上可以看到泥岩基线在第 8 个小格上，这就是 GR_{sh}。它是依据均质厚泥岩的平均值而画出来的（不要使用最大值，这些通常是高浓度的铀化合物的反映）。注意 A 点有最小值（0.8 小格），这是 100% 纯砂岩点（GR_{clean}）。

为了确定任意地层的 V_{sh}，例如地层 B，将纯砂岩的读值与泥岩基线的读值相减，这就是 V_{sh} 方程的分母。下一步，读取需要计算 V_{sh} 的地层的测井值。（对于地层 B 是 3.8 小格）。用此值减去泥岩基线的读值，这就是分子。用分子除以分母，结果就是 V_{sh}。在我们的例子中，$GR_{sh}=8$，$GR_{clean}=0.8$，$GR_{zone}=3.8$，则求得 $V_{sh}= (8-3.8) / (8-0.8) =4.2/7.2=0.6$。

最早的自然伽马仪器能够测量井眼内存在的总的自然放射性。当时的探测器技术太原始，以至于不能根据所存在的放射性元素各自作出的贡献，划分出自然放射性的不同能级。今天，通过使用更灵敏的探测器和改进的多窗口仪器设计，自然伽马曲线可以区分出每种元素的贡献。这种区分是基于所有放射性都来自钍、铀、钾三元素的假设，这三种元素占据了可能钻遇到地层中自然放射性的大部分。通过测量这三种元素，可以较准确地估算泥质含量。大多数的铀是在砂岩中发现的，通过去除铀对总自然伽马曲线的贡献，我们能更准确地计算泥岩的百分比。

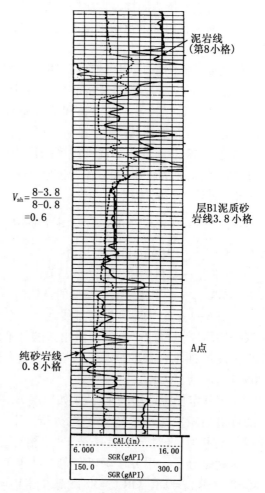

图 6-4   伽马射线测井曲线

6.4 密度测井

　　密度是指某种物质单位体积的重量。例如，1ft³ 蒸馏水的重量是 62.4lb，因此在英制单位里，其密度是 62.4lb/ft³，纯石灰岩的密度是 169lb/ft³。在公制单位里，1cm³ 水的重量是 1g，所以水的密度是1.0g/cm³，石灰岩的密度是 2.71g/cm³，在美国的测井界，密度单位为用克 / 立方厘米（g/cm³）。

　　遗憾的是，我们不能直接在井眼内测量地层或体积密度。然而，我们能利用康普顿散射测量电子密度，电子密度与体积密度非常接近。

密度测井仪器（图6-5）是通过铯源发出的伽马射线轰击邻近井眼的地层，从而发生康普顿散射。伽马射线由被安装在紧贴井壁的滑动极板上的两个探测器所记录。测量体积密度时，两个探测器能补偿因井眼不规则和泥饼厚度所产生的影响（这就是为什么这种仪器被称为补偿密度仪器的原因）。

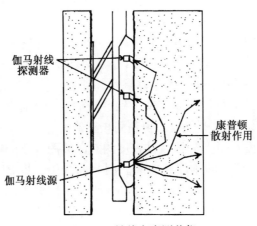

图6-5　补偿密度测井仪

最新一代的密度仪器是测量地层的光电吸收横截面。光电响应是另外一种地层被伽马射线轰击后产生反应的方式。这种反应发生在比康普顿散射更低一些的能级上，通过测量地层反应的能级，工程师能从其他反应中分离出光电响应。光电响应可以用来识别岩性。

解释

通过密度仪器确定的密度 ρ 叫做 RHOB（ρ_b），这里下标 b 代表总体积。矿物的岩石结构，比如砂岩或石灰岩被称为骨架。这种岩石结构的密度叫做骨架密度 ρ_{ma}。如果地层的孔隙度为 0，则仪器测得的就是骨架密度。孔隙空间内的流体密度 ρ_f，通常是指钻井液滤液。

一项非常重要的数学原理是整体等于各部分之和。在测井解释时使用这个恒定的定理，从密度测量中确定孔隙度就是一个好的例子。地层的总体积是个整体，骨架体积和孔隙空间内包含的流体体积都是它的一部分。如果假定我们已经知道骨架密度（实验室内可测量出砂岩、石灰岩、白云岩和其他矿物的密度）和流体密度，根据整体等于部分之和的原理能够写出一个方程：

密度测量值 ρ_b= 骨架体积 BVM × 骨架密度 ρ_{ma}

+ 流体体积 × 流体密度 ρ_f

知道骨架体积是 $1-\phi$，流体体积是 ϕ，于是：

$$\rho_b=（1-\phi）\rho_{ma}+\phi\rho_f$$

为了在地层中应用这个原理来确定孔隙度，我们必须知道或假定（1）骨架密度，（2）孔隙空间内的流体密度。我们通常是在岩性已知的已开发的油田，或是以砂岩为主的地区，例如美国的海湾地区或加利福尼亚地区采用这些假设。

根据经验和实验室测量，我们可知石灰岩的骨架密度是 2.71g/cm^3，白云岩是 2.87g/cm^3，砂岩是 2.65g/cm^3（疏松的）或 2.68g/cm^3（成熟的）。孔隙空间内的流体是水，油或气。由于密度仪器的探测深度浅，地层内很可能主要充填了钻井液滤液。流体的密度因此通常被假设为 1.0g/cm^3。如果需要，可使用校正值。

图 6-6 是一段岩性密度测井曲线图（斯伦贝谢公司提供）。注意第 2 和 3 道内的刻度和曲线。测井曲线中，用 RHOB 表示密度曲线（实线），其刻度是从 2.0 ~ 3.0g/cm^3，用虚线表示 PEF 光电指数曲线，其刻度是从 0.0 ~ 10.0。第 3 道内的点线是密度校正曲线（用 DRHO 表示 $\Delta\rho$）。它通过补偿电路监控对 ρ_b 曲线进行的校正量。如果 $\Delta\rho>0.15$，使用这个密度值要当心，因为校正过度，密度值可能会不准确。第 3 道内的第 7 和 8 小格之间的长虚线是张力曲线，它可以监测测井仪器与井壁摩擦时的阻力。

使用密度曲线，我们需要一张图版将 ρ_b 转换为孔隙度（图 6-7），使用这张图版时我们需要知道岩性，这就需要 PEF 曲线。由于砂岩的 PEF 是 1.8，石灰岩是 5.1，白云岩是 3.1（附表 6-1），我们可应用 PEF 曲线来识别骨架矿物。唯一的障碍是泥岩，它的 PEF 值范围从 1.8 到 6.3，但通常与白云岩类似在 3 左右。

泥岩对密度孔隙度的读值有较小的影响，因此必须消除它的影响。为了消除泥岩影响，需要完成以下步骤：

（1）寻找一段均匀的泥岩曲线。

（2）读取泥岩内视密度孔隙度。

（3）运用泥岩校正方程：

$$\phi_{Dcor}=\phi_D-V_{sh}\cdot\phi_{Dsh}$$

式中　　ϕ_{Dcor}——校正后的密度孔隙度；

　　　　ϕ_D——测量的密度孔隙度；

　　　　ϕ_{Dsh}——泥岩点视密度孔隙度。

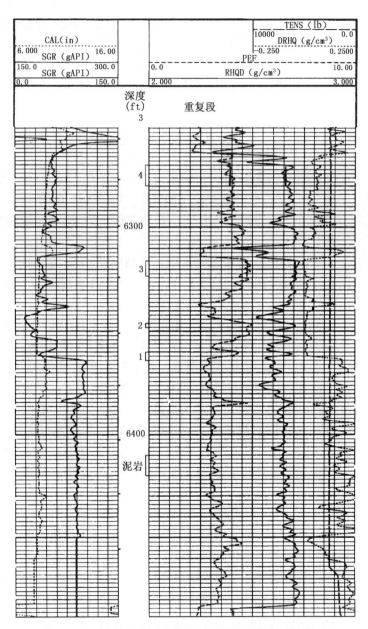

图 6-6 岩性密度测井曲线图（斯伦贝谢公司提供）

实际上，V_{sh} 高于 30% 时，泥岩对密度测井的影响通常被忽略掉。现在就密度值转换为孔隙度做一些练习。制作一张表格，你能从测井测量中记录图 6-6 上的一些数值，见表 6-1。

表 6-1 根据图 6-6 读密度测井曲线测量值的练习

点号	PEF	ρ （g/cm^3）	$\Delta\rho$	孔隙度（%）	岩性
1	4.3	2.60	+0.01		
2					
3					
4					

现在从测井曲线上读取这些点的数值（除了孔隙度以外，它从图版中获得）。已知点 1 值，如果你觉得读测井值有困难，请复习第 2 章。如果你仅仅是想核对答案，参见本章 6.8.1 答案，来完成孔隙度和岩性的估算。

一旦完成测井值的读取，请翻到图 6-7。在图形下部找到 PEF 值等于 4.3 的点 1，过此点作一条垂线。接着在左边找到 ρ_b=2.69 的点，过此点做一水平线与 PEF 线相交，这两条线相交于白云岩和石灰岩线之间。为了确定孔隙度，连接两骨架线上孔隙度相同的点（10 与 10 相连，5 与 5 相连）。点 1 落在了 5% 的线上，并且与白云岩线相比更接近石灰岩线，于是在表中填入孔隙度为 5%，岩性为白云质石灰岩。

你自己可试着填后面三点，然后核对答案。虽然在不利条件下，在密度仪器上加入 PEF 曲线可有助于确定孔隙度和岩性，但是在某些情况下无法得到 PEF 曲线，比如小井眼、钻井液密度大以及用老密度仪测井时。在那些情况下，我们要么假定岩性要么根据其他孔隙度测量获得需要的另外的信息。这类仪器之一是补偿中子测井。

6.5 补偿中子测井

最初的中子仪发明较早。通过测井仪器上的化学源发射中子轰击地层，仪器能够测量到的响应是地层氢原子存在数量的函数。由于大多数氢存在于水（H$_2$O）和油（C$_n$H$_{2n+2}$）中，岩石的孔隙中总会存在着一种或两种这些流体，简单地计量氢原子数可确定孔隙度。

单探测器中子仪器是这样测量的。然而，它仅能指示而不是测量孔隙度。仪器的反应是非线性的，在低孔隙度地层有高的分辨率，而在高孔隙度地层却有着非常低的分辨率。由于这个原因，它通常应用于硬地层（低孔隙度）地区以及用于套管井中作为对比的仪器。（套管中的钢阻止了大多数仪器进行有效的测量，但在套管井中可进行自然伽马和中子仪器测井。针对套管井的一些特点，比如套管接箍的深度，通常用这两种测井与裸眼井测井进行对比。套管接箍是比较容易被探测到的，可参照它的位置来确定射孔器射孔以及打水泥塞和下封隔器的位置。）

20世纪70年代早期，中子仪器制造方面的主要进展是补偿中子（CN）仪的出现。CN仪器采用双探测器来补偿井眼的不规则。另外，它能测量出双探测器响应之比并可将其转换为线性孔隙度读值以取代单探测器中子仪器测量的非线性响应。

解释——补偿中子测井

补偿中子测井通常是用石灰岩骨架来刻度的。但是，只有当地层是纯的（没有泥岩）；孔隙被流体（不是被气体）充填；地层是石灰岩时测井曲线显示的孔隙度数值才是正确的。

记住中子仪器主要响应于氢原子存在的数目。也要记住，由于水分子被束缚在泥岩中，泥岩中含有大量的氢原子，但是由于颗粒粒径非常小，它的有效孔隙度基本为零。地层中泥质的存在增加了总孔隙度，但是有效孔隙度仍然不变。由于我们仅对有效孔隙度感兴趣而不是总孔隙度，因此必须从总孔隙度读值中减去泥岩数值。我们可以通过应用下列方程实现这点：

$$\phi_{Ncor} = \phi_N - V_{sh} \cdot \phi_{Nsh}$$

式中　ϕ_{Ncor}——校正后的中子孔隙度；

　　　ϕ_N——从中子测井曲线获得的视中子孔隙度；

　　　ϕ_{Nsh}——泥岩点的视中子孔隙度。

当V_{sh}超过5%时，中子孔隙度将要进行泥质校正。

地层中气体的存在也会对中子测井读值产生显著的影响。由于单位体积内气体的氢原子数目比水或油要小很多，气层的视孔隙度比它应有的孔隙度低很多。为了校正气体的影响，我们需要知道密度或声波孔隙度。

如果地层不是石灰岩地层而是砂岩或白云岩地层，必须利用图6-8将视石灰岩孔隙度校正成合适的骨架。但是，只有已知骨架时才能使用这张图版。如果不知道骨架，需要另一种孔隙度测量来确定孔隙度和岩性。

另一种类型的中子孔隙度仪器是井壁中子孔隙度仪（SNP），之所以这么叫是因为与它的探测器和源被安装在一个紧贴于井壁的滑动极板

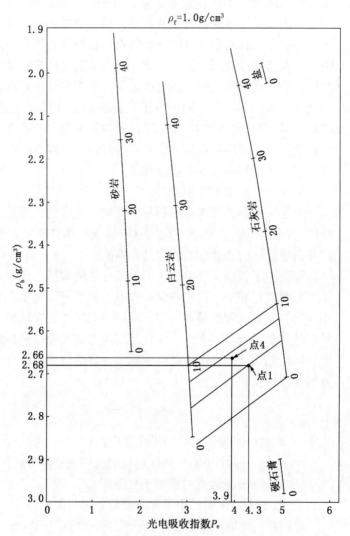

图6-7　根据岩性密度测井确定孔隙度和岩性的
图版（斯伦贝谢公司提供）

上，此极板与密度仪器的滑动极板相似。SNP的优点之一是它能在空的井眼或空气钻井的井眼内测井，CN测井（CNL）在那些条件下是不会有合适的响应值的，但是SNP可能有。在开发CNL仪之前，SNP经常被应用于充满钻井液的井眼内。然而，目前SNP通常仅应用于空气钻井的井眼内。

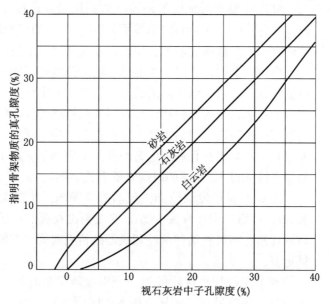

图 6-8　中子孔隙度—真孔隙度曲线（斯伦贝谢公司提供）

6.6　声波测井

　　声波测井仪器利用声波来测量孔隙度。让我们来认识一下声波并分析它是如何传播的。声音是一种以波的形式传播的能量，并且具有 20～20000 周／秒（r/s）之间的频率。声波能以几种不同形式进行传播。最常见的形式是纵波，这种波能振动我们的耳膜让我们能听见。纵波也被称为 P 波（初至波），因为它们是第一个到达的波。

　　P 波是按照它传播的方式通过物质的压缩传播的。物质沿波的轴向移动。P 波的一个例子是你纵向拉伸弹簧玩具（Slinky™）。如果你上提几个线圈然后下落，压缩波将沿弹簧传播。当波到达线圈末端时，它将传播回去，这种现象称为反射。当波传播时物质发生改变，声波的传播速度也发生变化，这个过程叫做折射。

　　声波的第二种类型是横波或叫 S 波，这种波比 P 波慢并且不能在流体中传播。为了认识 S 波，想象把绳子的一端系在树上，然后你紧紧地拉住绳子的另一端，并且拉断它。S 波将出现在绳子上，绳子不能水平移动只能纵向移动或者与波的传播方向成合适的角度移动，这就是 S 波运动的特征。如果传播介质不是固体，S 波无法传播它的能量。

穿过井眼附近地层的声波全波列记录里还存在着其他几种类型的波。这些波中如斯通利波常被用来确定渗透率和裂缝。对变频声源的持续研究和采集数据的增加，使得声波仪器比以前更加有用。

声波仪器的优点是声波能以不同的速度在不同的物质中传播，更为重要的是，声波能以不同的速度在混合物质中传播。如果我们知道每种物质的声速，只有两种物质存在时我们能够计算出每种物质的量。如果超过了两种物质，我们需要更多的信息。换句话说，如果我们知道某一地层是石灰岩，并且地层的每个孔隙空间内都充满了水，我们能够通过测量纵波通过 1ft 地层的时间来确定孔隙度。

图 6-9 是单发双收声波仪器的原理图。发射探头距第一个接收探头 3ft，距第二个接收探头 5ft，它发射出很强的声脉冲并沿各个方向呈球形传播。声波在钻井液柱和仪器的传播时间（声波速度）比在地层传播更慢。

两个接收探头接收的第一个声波能量是 P 波，它沿井眼附近的地层传播。将信号到达两接收探头的时间差除以两个接收探头间的间距，以每英寸微秒记录这个值也叫做声波时差 t，它是指两接收探头之间到达的时间差。

实际上，用来测量 t 的仪器比在这里介绍的要复杂得多。它们具有多个发射探头和接收探头来补偿探头倾斜、冲蚀井眼以及由于钻井过程中井眼附近岩石性质的变化。

解释——声波测井

如果我们已知声波时差和地层类型并假定孔隙度是均匀分布的（粒间孔隙度，相对于孔洞孔隙度或裂缝孔隙度），即可确定孔隙度（图6-10）。用单孔隙度仪进行测井时，我们必须知道或假定岩性来估算孔隙度。

泥岩对声波测井影响很大。在泥质地层（$V_{sh} > 5\%$），声波孔隙度必须用下面这个方程对存在的泥质进行校正：

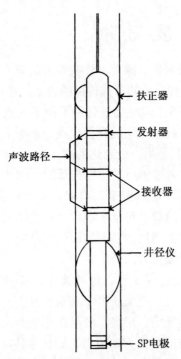

扶正器

发射器

声波路径

接收器

井径仪

SP电极

图 6-9　简化的声波仪器示意图

$$\phi_{Scor}=\phi_S-V_{sh}\cdot\phi_{Ssh}$$

式中 ϕ_{Scor}——校正后的声波孔隙度；

       ϕ_S——用图 6-9 确定的声波孔隙度；

       ϕ_{Ssh}——泥岩点的视孔隙度。

气体对视声波孔隙度也有很大的影响，它增大了视孔隙度。如果预先知道地层含气，工程师应该至少再加测另一种孔隙度测井，较合适的是补偿中子测井。

加利福尼亚或海湾地区的疏松砂岩具有比与井应有的孔隙度更大的声波时差。为了校正疏松地层的声波时差，泥岩点的声波时差读值 t_{sh} 通常用于确定压实校正 B_{cp}。

$$B_{cp}=t_{sh}/100$$

例如：如果 t_{sh} 为 $120\,\mu s/ft$，则 B_{cp} 就是 $120/100=1.2$。

在图 6-10 中，地层疏松时，压实校正的 B_{cp} 线会取代砂岩线

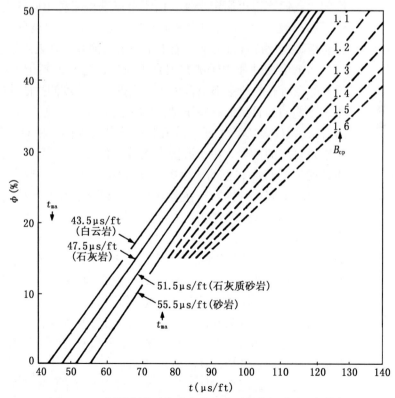

图 6-10   根据声波时差确定孔隙度（斯伦贝谢公司提供）

（55μs/ft）代入由测井曲线得出的时差。

总之，声波不能探测出孔洞和裂缝孔隙度（次生孔隙度），它只能探测粒间（原生）孔隙度。它降低了孔洞或裂缝性地层的视孔隙度。通过将声波原生孔隙度与其他测井方法得出的总孔隙度进行比较，我们能估算裂缝或孔洞（次生）孔隙度的数量。

6.7　多孔隙度测井

我们已经学习了如何从单个的孔隙度测井曲线获得孔隙度。用单一的孔隙度测井仪时，必须假定已知地层矿物。遗憾的是，几乎不可能出现这种情况。气体和泥质影响使单一孔隙度测井解释不太可靠。因而，实用性很强的一种技术能帮助我们克服了单一孔隙度测井测量的局限性：孔隙度交会图技术。

利用双孔隙度测井和交会图技术，我们能够根据岩性确定孔隙度，例如，我们不用再假定岩性。由于可以获得三种不同的孔隙度（密度、中子和声波），可进行组合并做出交会图。这些图被称为矿物识别图，它能精确地评价岩石类型。最常见的组合测井是补偿中子密度测井。

当密度测井和中子测井组合测量时，它们通常记录的是石灰岩骨架，好像所有的地层都是石灰岩（检查用于刻度测井曲线的骨架类型是非常重要的，骨架的选择随地区的不同而发生变化）。在不含泥却含水的石灰岩（S_w=100%）里，双孔隙度测井可以得到相同的孔隙度，如果地层是含水的砂岩，中子孔隙度读值将偏低而密度孔隙度读值将偏高。两条曲线间将会有正的幅度差，这通常是目的层。幅度差的存在是由于骨架的不同或气体的存在造成的。如果幅度差大于6pu，通常指示含气。为了证明气体的存在，需要进行第三种孔隙度测井（或者必须假定岩性）。泥质和白云岩也常常会导致密度和中子孔隙度曲线分离，但是偏离方向与气体或砂岩的方向相反。在泥质或白云岩地层中，中子孔隙度将高于密度孔隙度。第三种孔隙度仪器，如声波，通常对判断这种幅度差是来自泥质还是白云岩是很有必要的。

利用三孔隙度测井，可准确确定岩性和孔隙度。一旦岩性已知，选用适当的骨架和利用图 6-11 可进行中子和密度校正，图版得出的交会孔隙度不受骨架影响，且能估算 S_{xo} 值。

测量未知或混合岩性及气井时，密度和中子仪器经常组合起来同时测井（将它们相连以便它们同时测量）。图 6-12 是用中子密度仪器测

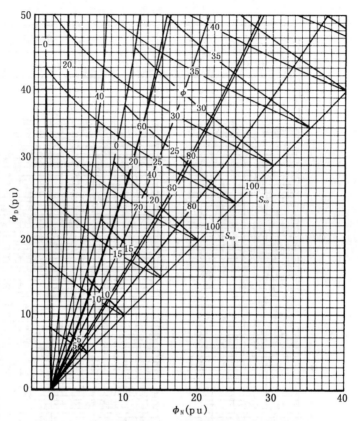

图 6-11 　根据密度和中子测井得出的含气地层的孔隙度
（斯伦贝谢公司提供）

井的测井曲线图，其测量井段与图 6-6 中用岩性密度仪器测量的井段
相同。在图 6-13 上找到中子孔隙度 ϕ_N 和密度孔隙度 ϕ_D 点，我们能
够估算出岩性和得出孔隙度值。

　　让我们试一下以前同样的点。尽管这次必须对中子和密度数值进行
泥质校正：

$$\phi_{Ncor} = \phi_N - V_{sh} \cdot \phi_{Nsh}$$

$$\phi_{Dcor} = \phi_D - V_{sh} \cdot \phi_{Dsh}$$

　　ϕ_D 用实线表示，ϕ_N 用虚线表示。这两条曲线均是用石灰岩骨架
来刻度的，并且其刻度范围从 30% 至 10%。首先做一张表，见表 6-2。

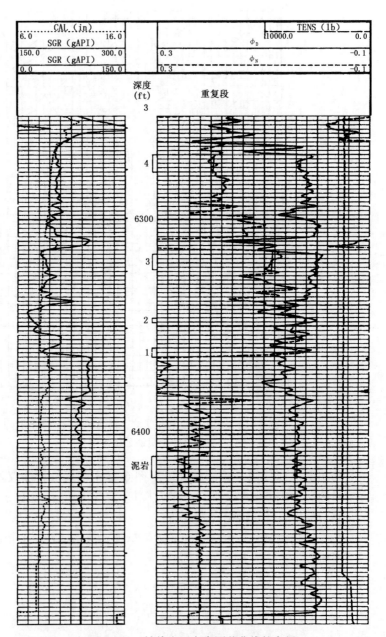

图 6-12　补偿中子密度测井曲线的实例

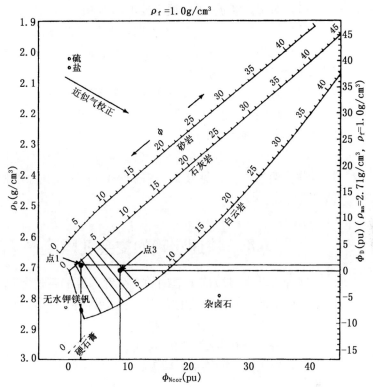

图 6-13　与图 6-12 一起用于确定中
子密度交会孔隙度的图版

表 6-2　根据中子和密度数值制作练习

点号	V_{sh} (%)	ϕ_D (%)	ϕ_N (%)	ϕ_{Dcor} (%)	ϕ_{Ncor} (%)	ϕ_{xp} (%)	岩性
泥岩	100	3.5	25	—	—	—	泥岩
1	5	1	2	1	1	1	石灰岩
2	0						
3	25						
4	50						

　　现在开始填写第二列和第三列，然后找到交会孔隙度 ϕ_{xp} 点。（答案在本章 6.8.1）。注意：除了点 4 以外，岩性密度仪器和中子密度交会之间有很好的一致性，这是由于白云岩和泥岩的 PEF 通常很相似。

　　按下面步骤可得到交会孔隙度：

（1）对 ϕ_N 和 ϕ_D 进行泥质校正。

（2）将 ϕ_{Dcor} 和 ϕ_{Ncor} 写入数据表上合适的列中。

（3）在图 6-13 的右边界上，找到 ϕ_{Dcor}，然后在图上画条水平线（点 1 的密度孔隙度为 1%）。

（4）过 ϕ_{Ncor} 画条垂线（在这种情形下为 1%）。

（5）在两条线的交点读出交会孔隙度和岩性（点 1 几乎落在了石灰岩骨架线中孔隙度为 1% 的点上）。

如果这个交点不靠近任意一条骨架线，点位于线之间，可假设地层是两种骨架的混合，见点 3。在图 6-13 上连接孔隙度相同的点有助于估算孔隙度。

6.8 快速粗略的交会孔隙度

这种方法在多数确定准确的交会孔隙度的手册上都有介绍。但是，这是一种不需要使用图版的方法，它速度快但不太准确。

（1）根据测井曲线得到孔隙度。

（2）将 2 个孔隙度相加并除以 2。

（3）校正泥岩的平均孔隙度。

$$\phi_e = \phi_{avg} - V_{sh} \cdot \phi_{shxp}$$

式中　　ϕ_e——有效孔隙度；

ϕ_{avg}——平均孔隙度；

ϕ_{shxp}——泥岩点的视平均孔隙度。

让我们将图版法与快速法进行比较。再做一张表（表 6-3）计算点 1 至点 4 的交会孔隙度。你已经领先一步了。

表 6-3　根据图版法和快速语制作的快速粗略的交会孔隙度数值计算练习

点号	V_{sh} (%)	ϕ_D (%)	ϕ_N (%)	ϕ_{avg} (%)	$V_{sh} \cdot \phi_{sh}$ (%)	ϕ_{xp} (%)
泥岩	100	3.5	25	14	14	0
1	5	1	2	1.5	0.7	1*
2	0					
3	25					
4	50					

* 将小于半个的孔隙度单位四舍五入，例如 5.36 或 14.1 为 5.5 或 14。

　　表 6-4 至表 6-6 为三种孔隙度的比较表。它们会有一点差异，但是注意快速粗略方法不能估算岩性。

　　表 6-7 作为本章的最后总结，它列出了不同矿物和一些由测井曲线读出的物性参数，如密度，光电指数，中子孔隙度，声波横波和纵波传输时间，俘获横截面，介电常数和自然伽马射线。然后，在核对问题的答案后转向第 7 章，用你新学到的知识进行实践。

　　问题答案

表 6-4　表 6-1 答案

点号	PEF	ρ_b (g/cm³)	$\Delta\rho$	孔隙度（%）	岩性
1	4.3	2.60	+0.01	5	白云质石灰岩
2	4.9	2.71	+0.005	0.5	石灰岩
3	4.7	2.71	0.00	1	石灰岩
4	3.9	2.66	+0.07	8	石灰岩—白云岩各占 50%

表 6-5　表 6-2 答案

点号	V_{sh} (%)	ϕ_D (%)	ϕ_N (%)	ϕ_{Dcor} (%)	ϕ_{Ncor} (%)	ϕ_{xp} (%)	岩性
泥岩	100	3.5	25	—	—	—	泥岩
1	5	1	2	1	1	1	石灰岩
2	0	0	2	0	2	1	石灰岩
3	25	0	8.5	0	2	1	石灰岩
4	50	1.3	19.5	1.5	7	4.5	石灰岩—白云岩

表 6-6　表 6-3 答案

点号	V_{sh} (%)	ϕ_D (%)	ϕ_N (%)	ϕ_{avg} (%)	$V_{sh} \cdot \phi_{sh}$ (%)	ϕ_{xp} (%)
泥岩	100	3.5	25	14	14	0
1	5	1	2	1.5	0.7	1
2	0	0	2	1	0	1.5
3	25	0	8.5	4.2	3.5	1
4	50	3	19.5	11	7	4

表 6-7　沉积物的测井响应

岩石名称	分子式	ρ_b (g/cm³)	ϕ_{SNP} (pu)	ϕ_N (pu)	t_c (μs/ft)	t_s (μs/ft)	P_e (b/e)	U (b/cm³)	ε (F/m)	t_p (ns/m)	GR (API)	Σ (cu)
黏土　高岭石	$Al_4Si_4O_{10}(OH)_8$	2.41		37	67		1.83	4.44	−5.8	−8.0	80~130	14.12
绿泥石	$(Mg,Fe,Al)_6(Si,Al)_4O_{10}(OH)_8$	2.76	37	52	50		6.30	17.38	−5.8	−8.0	180~250	24.87
伊利石	$K_{1-1.5}Al_4(Si_{7-6.5},Al_{1-1.5})O_{20}(OH)_4$	2.52	20	30	52		3.45	8.73	−5.8	−8.0	250~300	17.58
蒙皂石	$(Ca,Na)_7(Al,Mg,Fe)_4(Si,Al)_8O_{20}(OH)_4(H_2O)_n$	2.12	40	44	65		2.04	4.04	−5.8	−8.0	150~200	
蒸发岩　岩盐	$NaCl$	2.04	−2	−3	67	120	4.65	9.45	5.6~6.3	7.9-8.4	—	754.2
硬石膏	$CaSO_4$	2.98	−1	−2	50		5.05	14.93	6.3	8.4	—	12.45
石膏	$CaSO_4(H_2O)_2$	2.35	50+	60	52		3.99	9.37	4.1	6.8	—	18.5
天然碱	$Na_2CO_3NaHCO_3H_2O$	2.08	24	35	65		0.71	1.48			—	15.92
溢晶石	$CaCl_2(MgCl_2)_2(H_2O)_{12}$	1.66	50+	60	92		3.84	6.37			—	406.02
钾盐	KCl	1.86	−2	−3			8.5	15.83	4.6~4.8	7.2~7.3	500+	564.57
杂盐	$KClMgCl_2(H_2O)_6$	1.57	41	60			4.09	6.42			−220	368.99
无水钾镁矾	$K_2SO_4(MgSO_4)_2$	2.82	−1	−2			3.56	10.04			−290	24.19
杂卤石	$K_2SO_4MgSO_4(CaSO_4)_2(H_2O)_2$	2.79	14	25			4.32	12.05			−200	23.70
钾盐镁矾	$MgSO_4KCl(H_2O)_3$	2.12	40	60			3.50	7.42			−245	195.14
水镁矾	$MgSO_4H_2O$	2.59	38	43			1.83	4.74			—	13.96
七水镁矾	$MgSO_4(H_2O)_7$	1.71	50+	60			1.15	1.97			—	21.48
水氯镁石	$MgCl_2(H_2O)_6$	1.54	50+	60		100	2.59	3.99			—	323.44
重晶石	$BaSO_4$	4.09	−1	−2			266.82	1091			—	6.77
天青石	$SrSO_4$	3.79	−1	−1			55.19	209			—	7.90

续表

岩石名称	分子式	ρ_b (g/cm³)	ϕ_{SNP} (pu)	ϕ_N (pu)	t_c (μs/ft)	t_s (μs/ft)	P_e (b/e)	U (b/cm³)	ε (F/m)	t_p (ns/m)	GR (API)	Σ (cu)
黄铁矿	FeS_2	4.99	-2	-3	39.2	62.1	16.97	84.68			—	90.10
白铁矿	FeS_2	4.87	-2	-3			16.97	82.64			—	88.12
磁黄铁矿	Fe_7S	4.53	-2	-3			20.55	93.09			—	94.18
闪锌矿	ZnS	3.85	-3	-3			35.93	138.33	7.8~8.1	9.3~9.5	—	25.34
黄铜矿	$CuFeS_2$	4.07	-2	-3			26.72	108.75			—	102.13
方铅矿	PbS	6.39	-3	-3			1631.37	10424			—	13.36
硫	S	2.02	-2	-2	122		5.43	10.97			—	20.22
无烟煤	$CH_{0.358}N_{0.009}O_{0.022}$	1.47	37	38	105		0.16	0.23			—	8.65
沥青质	$CH_{0.793}N_{0.015}O_{0.078}$	1.24	50+	60	120		0.17	0.21			—	14.30
褐煤	$CH_{0.849}N_{0.015}O_{0.211}$	1.19	47	52	160		0.20	0.24			—	12.79
石英	SiO_2	2.64	-1	-2	56.0	88.0	1.81	4.79	4.65	7.2	—	4.26
方石英	SiO_2	2.15	-2	-3			1.81	3.89			—	3.52
蛋白石	$SiO_2(H_2O)_{0.1209}$	2.13	2	2	58		1.75	3.72			—	5.03
石榴石	$Fe_3Al_2(SiO_4)_3$	4.31	3	7			11.09	47.80			—	44.91
角闪石	$Ca_2NaMg_5AlSi_8O_{22}(O,OH)_2$	3.20	4	8	43.8	81.5	5.99	19.17			—	18.12
电气石	$NaMg_6Al_6B_3Si_6O_{15}(OH)_4$	3.02	16	22			2.14	6.46			—	7449.82
锆石	$ZrSiO_4$	4.50	-1	-3			69.10	311			—	
方解石	$CaCO_3$	2.71	0	-1	49.0	88~4	5.08	13.77	7.5	9.1	—	7.08
白云石	$CaCO_3MgCO_3$	2.88	2	1	44.0	72	3.14	9.00	6.8	8.7	—	4.70
铁白云石	$Ca(Mg,Fe)(CO_3)_2$	2.86	0	1			9.32	26.65			—	22.18
菱铁矿	$FeCO_3$	3.89	5	12	47		14.69	57.14	6.8~7.5	8.8~9.1	—	52.31

（岩石类别标注：硫化物、煤、硅酸盐岩、碳酸盐岩）

续表

岩石名称		分子式	ρ_b (g/cm³)	ϕ_{SNP} (pu)	ϕ_N (pu)	t_c (μs/ft)	t_s (μs/ft)	P_e (b/e)	U (b/cm³)	ε (F/m)	t_p (ns/m)	GR (API)	Σ (cu)
氧化物	赤铁矿	Fe_2O_3	5.18	4	11	42.9	79.3	21.48	111.27			—	101.37
	磁铁矿	Fe_3O_4	5.08	3	9	73		22.24	112.98			—	103.08
	针铁矿	$FeO(OH)$	4.34	50+	60			19.02	82.55			—	85.37
	褐铁矿	$FeO(OH)(H_2O)_{2.05}$	3.59	50+	60	56.9	102.6	13.00	46.67	9.9~10.9	10.5~11.0	—	71.12
	三水铝矿	$Al(OH)_3$	2.49	50+	60			1.10	18.4			—	23.11
磷酸盐	羟磷灰石	$Ca_5(PO_4)_3OH$	3.17	5	8	42		5.81	18.4			—	9.60
	氯磷灰石	$Ca_5(PO_4)_3Cl$	3.18	-1	-1	42		6.06	19.27			—	130.21
	氟磷灰石	$Ca_5(PO_4)_3F$	3.21	-1	-2	42		5.82	18.68			—	8.48
	碳磷灰石	$(Ca_5(PO_4)_3)_2CO_3H_2O$	3.13	5	8			5.58	17.47			—	9.09
长石—碱性长石	正长石	$KAlSi_3O_8$	2.52	-2	-3	69		2.86	7.21	4.4~6.0	7.0~8.2	-220	15.51
	歪长石	$KAlSi_3O_8$	2.59	-2	-2			2.86	7.41	4.4~6.0	7.0~8.2	-220	15.91
	微斜长石	$KAlSi_3O_8$	2.53	-2	-3			2.86	7.24	4.4~6.0	7.0~8.2	-220	15.58
长石—斜长石	钠长石	$NaAlSi_3O_8$	2.59	-1	-2	49	85	1.68	4.35	4.4~6.0	7.0~8.2		7.47
	钙长石	$CaAl_2Si_2O_8$	2.74	-1	-2	45		3.13	8.58	4.4~6.0	7.0~8.2		7.24
云母	白云母	$KAl_2(Si_3AlO_{10})(OH)_2$	2.82	12	20	49		2.40	6.74	6.2~7.9	8.3~9.4	-270	16.85
	海绿石	$K_2(Mg,Fe)_2Al_6(Si_4O_{10})_3(OH)_2$	-2.54	-23	-38			6.37	16.24				24.79
	黑云母	$K(Mg,Fe)_3(AlSi_3O_{10})(OH)_2$	-2.99	-11	-21	50.8	224	6.27	18.75	4.8~6.0	7.2~8.1	-275	29.83
	金云母	$KMg_3(AlSi_3O_{10})(OH)_2$				50	207						33.3

7 综 合 解 释

测井曲线的解释很像是企图拥抱大象，首先你用手臂抱住它。收集了如此多的井数据以至于很难消化，或者说你张开手臂收集了所有你需要的资料来做出最好的解释。不幸的是，许多结论的确定是基于不完整的或被忽略的一些信息。

7.1 分析测井曲线前先提问题

你首先要尽可能收集有关井或探区的信息。主要目的是什么？这个区域的地层是否有产能？产液类型是油还是气？产液量是多少？邻井的累计产量是多少？邻井的测井曲线可用吗？产层的岩性是什么？砂岩、白云岩还是灰岩？周围生产井的孔隙度、电阻率、地层水电阻率以及含水饱和度是多少？地质图看上去怎么样？还有第二套目的层吗？

最好在钻井之前先得到这些问题的答案。在你分析本井测井曲线时，头脑中要装有对这些问题的新认识。做到这点的最好的办法是做一张表，表中列出了邻井的各种参数。

对区域预探井（在从未有生产井的区域钻探的第一口井），必须了解各种问题。这些问题更多的是基于地质和可能的地震资料。要在最好/最差情况下，对地层孔隙度、电阻率、含水饱和度及最终储量做出估算。这些工作通常为钻这口井提供了经济评价。

其次，对这口井建立感性认识。了解钻井日志，关注任何非寻常情况的记录，比如油气显示、井涌、井漏或卡钻。接下来详细了解钻井液录井情况。再次检查能代表好地层的样品的油气显示情况，注意孔隙度的显示，比如钻进突变。如果可能，向钻井液录井人员了解情况。有时，钻井液录井人员能提供钻井液录井曲线不包含的重要细节。

做完这些以后，你应该对你将看到的曲线有了一定的认识。

7.2 分 析 曲 线

通常你会看到一条电阻率曲线、一条或更多孔隙度曲线。其中一条测井曲线，通常是电阻率曲线会按 1in 或 2in/100ft（1：100 或 1：50）的对比比例尺来显示。另外，测井曲线还会有更密的 5in/100ft（1：20）的刻度。首先对所有具有相同比例尺的邻井曲线进行对比。用 SP、GR 电阻率或孔隙度曲线标识出你能识别的地层顶界（这叫做相关对比）。在识别主要和次要目的层后，如果可能，对所有测井曲线进行相关对比。问问自己："这口井钻遇的地层比预计的高还是低？比邻井高还是低？"除非钻遇断层，由于油气比水轻且一般位于地层顶部，因此你希望在高部位打井。

其次，将新井的孔隙度与邻井的孔隙度进行比较。通常会选择一个最小的孔隙度作为孔隙度截止值。（孔隙度截止值因地层不同而不同，可能小于 5% 或高达 15% ~ 20%）。低于孔隙度截止值的储层太致密而无产能，这部分地层不能当做产层（能产出油的地层）。目的层中有多少英尺的地层，其孔隙度高于孔隙度截止值（在此称为净产油层）？孔隙度比邻井高还是低？同邻井相比，新井的纯产油层是更多还是更少？储层质量同邻井一样好吗？（它是含泥更多质量更差，还是岩性更纯质量更好？）

一个好的定量评价储层的方法，要么是在生产层内按厚度累加孔隙度，要么是用地层厚度 h 乘以已进行校正泥质校正的平均交会孔隙度。此结果被称为按厚度累积孔隙度。在确定孔隙度截止值之后，任何低于孔隙度截止值的地层不被作为产层。

第三，问问自己，同邻井相比，电阻率是高些、低些还是相当？电阻率剖面是否有气／油、气／水或油／水界面的特征？在钻井液录井中或在已知的地质区域，是否有低阻油层存在的迹象（电阻率曲线受类似黄铁矿等低阻矿物的影响）？用 SP 曲线计算的 R_w 与邻井用的 R_w 是否一致。

以这种方式研究新井，你能判断它的前景是更好、更差或是同邻井相当。这种解释流程采用了一个全球通用的方法，它假定没有什么是独立存在的——在一个特定的区域或年代，地层是连续的，并且或多或少相似。这种方法是以常识为基础。

到目前为止，我们所做的并不是一个完整的解释，而是一个快速的直观评价。如果新井具备邻井的产能会更好解释。这类测井解释评价只需要很少的专业技能。当然，开发井常应用更详细的测井解释方法，并且在没有邻井时，探井也必须使用这种方法。

7.3　快速直观解释

另一种快速直观评价程序利用了最小总体积水 BVW$_{min}$ 的概念。这种理论表明，对于一个特定的地层，在没有产出任何水时，地层中保留的地层水的数量是一个常数。因此，如果我们计算出地层水的总体积 BVW，它是小于或等于地层的最小总体积水。地层将不产水（很明显，地层不产水是大家所期望的，因为开采需要费用而且还要处理这些不想要的水）。对于碳酸盐来说 BVW$_{min}$ 大约为 3.5%，纯砂岩为 5%，而泥质砂岩高达 14%。

地层的含水量等于地层含水饱和度乘以孔隙度（BVW=$S_w \times \phi$）。由于 S_w 和 ϕ 是阿尔奇公式中的两个参数（参照第 3 章），我们转换并替换一些参数就能理解 BVWmin 的意义。

$$S_w{}^2 = R_w/(\phi^2 \times R_t)$$

让我们看一看，如果把 BVW 代入公式会出现什么：

$$S_w{}^2 \times \phi^2 = (S_w \times \phi)^2 = BVW^2 = R_w/R_t$$

$$BVW_{min}{}^2 = R_w/R_{tmin}$$

$$R_{tmin} = R_w/BVW_{min}{}^2$$

式中　　R_{tmin}——不产水层所需的最小电阻率。

如果我们知道地层水电阻率和 BVW$_{min}$，我们就可以计算出确保无水产出所需的最小的电阻率。对于碳酸盐岩，我们需要 800R_w；对于砂岩，我们需要 200R_w（少量泥质砂岩）到 400R_w（纯砂岩）。此项技术，作为一种快速粗略的测井解释技术，在骨架密度 ρ_{ma} 为 2.68 的致密砂岩地区的应用效果最好。

一旦我们发现了一个有足够高电阻率的地层产水，只需要去看看地层的孔隙度是否足够高。对于无裂缝的碳酸岩，交会孔隙度至少需要 8%（砂岩需要孔隙度为 10%）。这些是已校正泥质影响的孔隙度。

应用这种技术的最好办法是在孔隙度和电阻率曲线上划出截止值。首先我们确定 R_t 的截止值（等于 R_{tmin}），并且用此电阻率在双感应测井或双侧向测井曲线上画一条线。任何在深探测电阻率截止线右侧的地层（高于电阻率截止值）都可能是产层。下一步，在孔隙度曲线上划一条孔隙度截止值线。孔隙度截止值取决于储层类型、地质区域和研究这个区域的地质师。在低孔隙度地区（硬地层地区），碳酸盐岩的孔隙度截止值通常为8%，砂岩为10%。而在高孔隙度区域，所用的数值可能高些。任何交会孔隙度位于孔隙度截止线左侧（高于孔隙度截止值）和电阻率位于电阻率截止线右侧的地层都可能是产层。

通常，我们既可以用交会孔隙度也可以用密度孔隙度（如果你只用密度孔隙度，要做必要的岩性校正）。在中子—密度交会图上，我们也应注意含气的影响（注意：要确保中子—密度的幅度差不是由岩性变化导致的。如果有疑问，参阅第6章）。

这种技术是一种好的初步勘探方法，它能指示需要进一步研究的地层。一旦你用过几次这种方法后，就会发现看曲线要更容易而且更快。使用这种方法和快速解释技术需要保持谨慎。在初步认识曲线时它们很有用，但在做出一个重要的，高成本的决定之前，要进行更细致地分析。

7.4 实例分析

让我们谈谈Howard大叔，一个石油人。他刚刚在下Cunningham组完钻并测了Sargeant 1-5井。Howard大叔要给你一个一生中难得的机会来进行一项稳健的投资（他认为）。为了证明他一直最喜欢你，在你决定是否把一生的积蓄投入到这个确定的事情之前，他会让你看一下测井曲线，并会告诉你他所掌握的信息，但决定还得你自己做。

基于你所掌握的解释知识，开始搜集做决定所需的信息。图7-1是邻井的开发图。找到Sargeant 1-5井的位置，在北部约0.5km处（图上1方块代表1km²），你会看到一口$100 \times 10^8 ft^3$气井，即Nora 1-32井；在其东北0.25km处是Corporal 1-33井，它的初期产量(IP)为日产气$2 \times 10^6 ft^3$（Mft³/d），储量为$20 \times 10^8 ft^3$。邻近的Private 1-5井累计产气$35 \times 10^6 ft^3$（遗憾的是没有估计的储量和初期产量数据）。其他可见的生产井在西部和西北方向，最近的一口干井是Sam 1-1，它大约在西—西南方1km处。到目前为止，油气形势看起来还不错。

图7-2是净等厚线或地质图。它显示的是用8%的孔隙度截止值做出的净产层厚度图。也就是说，地质学家只统计那些孔隙度大于或等于8%的地层的储量。然后地质学家做出等厚（厚度相同）图。

下Cunningham组属于Springer砂岩系列之一。每个等高线代表了5ft的厚度变化。地层厚度从0增加到了最大20ft。注意Nora 1-32井有18ft，占产层总厚度39ft的18/39，而Julie 1-31井只有7ft的净产

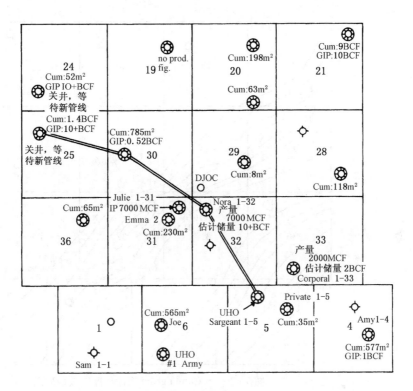

图 7-1　显示了邻井及其产量的下 Cunningham 组开发图

层，产量为 $7 \times 10^6 \text{ft}^3/\text{d}$。Emma 2-13 井厚度为 0，净产层为 10ft，总产层为 10ft。开发图（图 7-1）显示了未知时期的累积产量为 $230 \times 10^6 \text{ft}^3$。了解一下邻井的净产层和总产层。注意，你的希望，Sargeant 1-5 井估算的纯产层为 6ft。

你要开始收集大量的信息，这正是做表并弄明白它的好时间（表 7-1）。

表 7-1　各井信息表

井名	厚度 h	储层	初期产量	累计产量
Nora	18	10	7	—
Corporal	2	2	2	—
Private	11	—	—	35
Julie	7	—	7	—
Emma	0	—	—	230
Sargeant	6	?	?	—

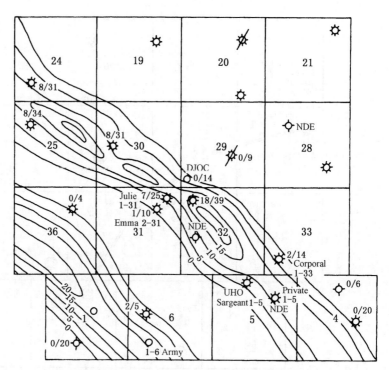

图 7-2   下 Cunningham 组净等厚图或地质图

当你对 Howard 大叔提供的资料进行筛选后, 你可完成如表 7-2 所示的这个表。

表 7-2   下 Cuningham 组和 Morrow 组数据

地　层	井名	h	ϕ	$h\phi$	R_w	R_t	S_w	BVW	备注
下 Cunningham 组	Nora	18	20	360	0.12	75	20	0.040	$10 \times 10^9 ft^3, 7 \times 10^6 ft^3$ IP
	Corporal	2	15	30	0.12	68	28	0.042	$2 \times 10^9 ft^3, 2 \times 10^6 ft^3$ IP
	Emma	0	7	0	0.14	52	68	0.048	$230 \times 10^6 ft^3$
	Julie	7	—	—	—	65	—	—	$7 \times 10^6 ft^3$ IP
	Private Sargeant	11	—	—	0.12	—	50	—	$35 \times 10^6 ft^3$
Morrow 组	Army	26	12	312	0.22	60	50	0.06	$250 \times 10^3 ft^3 / 15 BWPD$
	Private	22	10	220	0.2	42	72	0.07	未试

接下来，分析钻井液录井图（附图 1）。当钻穿 Morrow 组或下 Cunningham 组时会见到油气显示吗？在测井图上把地层标识出来，我们可以看到 Morrow 组有轻微的显示（热丝气体检测器为 135 单位，气相色谱仪中 C1 为 160 单位）。在钻穿地层后，背景气没有增加。在下 Cunningham 组 12732～12755ft 井段，钻井液录井中热丝检测器显示为 445 单位，气测井为 300 单位。地层为白色—浅灰色细粒碎屑、次棱角状脆性砂岩，分选中等，含少量钙质，无荧光，有微弱的淡黄色光圈。在 12755ft 以下，背景气从 60 单位增加到 120 单位。因此根据钻井液录井，我们可以总结出，下 Cunningham 组很有前景。然而任何地层都不是绝对的。

在分析 Sargeant 井的电缆测井曲线之前，你可先建立一个评价标准。既然下 Cunningham 组是一套砂岩储层，孔隙度至少要到 10%。而 Emma 井的产量为 $230 \times 10^6 ft^3$，孔隙度却只有 7%。，地质学家把孔隙度截止值定为 8%，因此 8% 可作为最小孔隙度。而对微含泥砂岩储层，无水生产的电阻率最小应为 200 倍的地层水电阻率。根据表 7-2，R_w 约为 $0.12\Omega \cdot m$，因此下 Cunningham 组，你需要的电阻率为 $200 \times 0.12 = 24\Omega \cdot m$。（由于我们不希望按照我们粗选的方法丢掉潜在的产层，根据邻井资料选用了最小的地层水电阻率。以后我们会再解释这个层）。

Morrow 组又会怎么样？你所用的孔隙度和电阻率截止值又是多少？注意 Morrow 组比下 Cunningham 组的地层水要淡（R_w 电阻率较高）（注意书后附图 2 中的双感应电阻率曲线和附图 3 中的补偿密度曲线，已经标明了截止值）。

由于下 Cunningham 组是主要目的层，首先来看看这套地层，在双感应电阻率曲线上从 Cunningham 组的顶部到底部画上了电阻率截止值线。为了突出这些砂层，工程师和地质学家们用不同的颜色来区分深感应电阻率曲线和电阻率截止值线，你会看到四个电阻率高于截止值线的层，分为 1-4 号层。

在孔隙度曲线上同样标识出这四层来。把四个层中的每个层画成一个小的长方形。接下来在主要目的层画上孔隙度的截止值线。现在你必须近似计算交会孔隙度。在四个层中的每个层上标出中子和密度的平均孔隙度（只要地层含泥值不多，平均孔隙度与利用中子和密度等做的交会孔隙度很相近。对初始近似值而言，这个平均值已经很好了）。深色长方形表明孔隙度大于等于 8%。只有 2 号层（不是所有层）的孔隙度较大属于深色区。1 号层的孔隙度约为 4.5%，3 号层的孔隙度为 6.5%，4 号层的孔隙度为 4%，而 2 号层的孔隙度为 8.5%，快速粗略解释它应为产层。

现在我们用同样的方法分析 Morrow 组。记住 R_w 最小为 0.2，因此画一条 $40\Omega \cdot m$（$200 \times 0.2\Omega \cdot m$）截止值线，下 Morrow 组可分为 5 号、6 号、7 号层，泥岩夹层位于 8 号层上部（在附图 3 的测井曲线上也标出了这些层）。把电阻率曲线上的分层画到孔隙度曲线上并画一条交会孔隙度（在这步你可以用肉眼精确画出 ϕ_{xp}，也可以用 $\phi_N + \phi_D/2$）。只有 8 号层的孔隙度大于 8%，它应该是产层。

你怎么看这口井？你会把孩子上大学的基金投资到这里吗？

不用急于做决定。快速粗略评价技术仅仅是一种粗查的方法。它能指出需要更详细研究的目的层。回到那张列有邻井参数的表格，再看看 Sargeant 井是如何增加参数的（表 7-3）。你还能增加什么信息呢？

表 7-3 下 Cunningham 组和 Morrow 组的其他数据

井名	h	ϕ	$h\phi$	R_w	R_t	S_w	BVW	备　注
Nora	18	20	360	0.12	75	20	0.040	$10 \times 10^9 ft^3, 7 \times 10^6 ft^3$ IP
Corporal	2	15	30	0.12	68	28	0.042	$2 \times 10^9 ft^3, 2 \times 10^6 ft^3$ IP
Emma	0	7	0	0.14	52	68	0.048	$230 \times 10^6 ft^3$
Julie	7	—	—	—	65	—	—	$7 \times 10^6 ft^3$ IP
Private	11	—	—	0.12	—	50	—	$35 \times 10^6 ft^3$
Sargeant	7	8.5	60	—	60	—	—	可能是气

你看投资井的孔隙度较低但按厚度累加孔隙度是 Corporal 井的两倍，而该井的储量只有 $20 \times 10^8 ft^3$，而 Emma 井产层的孔隙度也只有 7%，Corporal 井的孔隙度为 15%，其初期产量为 $2 \times 10^6 ft^3/d$。由于投资井孔隙度只有 8.5%，渗透率（井中流体流动能力）可能很小。

在你最终作出是否对这口井进行投资的决定之前，估计一下气的储量。你可以再次用 BVW_{min} 进行粗略的估算。计算气储量的方程如下：

G_p= 孔隙度 × 含气饱和度 × 厚度 × 面积

　　　× (原始天然气膨胀系数 − 最终天然气膨胀系数) × 转换常数

　　= $\phi \times (1-S_w) \times h \times A \times (1/B_{gi} - 1/B_{gf}) \times 43560 ft^3$

式中　$1-S_w$——含气饱和度 S_g；

A——供油面积，acre（英亩）；

h——油层厚度；

$1/B_{gi}$——原始天然气膨胀系数，等于 275；

$1/B_{gf}$——最终天然气膨胀系数，等于 50。

$$1/B_g=1/B_{gi}-1/B_{gf}$$

用 BVW 代替 $S_w \times \phi$，则

$$G_p=(\phi-\text{BVW}) \times h \times A \times 1/B_g \times 43560$$

2 号层 $G_p=(0.085-0.05) \times 7 \times 640 \times 225 \times 43560=15.4 \times 10^8 \text{ft}^3$

3 号层 $G_p=(0.065-0.05) \times 5 \times 640 \times 225 \times 43560=4.7 \times 10^8 \text{ft}^3$

主要目的层下 Cunningham 组的估算储量为 $20 \times 10^8 \text{ft}^3$。气的价格可能为 1.25 美元 /kft³，预计总的销售价格为 $1.25 \times 2000000=2500000$ 美元。净收入收益为 78%（也就是说，其中有 1 美元用于销售，22 美元用于矿区使用费权所有者和矿产开采权收益），小于 7.085% 的解雇税，因此净收益为 1770000 美元。钻井和完井的成本是 1200000 美元。

如果假设 Morrow 组有生产能力，你可能会有 $29 \times 10^8 \text{ft}^3$ 的气储量。来自 Morrow 组的净收益可能会高达 2500000 美元。然而，这个区块没有 Morrow 产层，因此，你面临 Morrow 组无收益的机会。以下是研究问题的一种方法表（7-4）。

表 7-4　投资分析表

	最有利的情形	最可能的情形	最不利的情形
井成本（美元）	(1200000)	(1200000)	(1200000)
LC 组的净收益（美元）	1782000	1782000	1215000
Morrow 组的净收益（美元）	2600000	1300000	0
开发 Morrow 组的额外收益（美元）	(150000)	(150000)	(150000)
利润（美元）	3032000	1732000	(135000)
投资回报率	2.24	1.28	亏本

你叔叔想要这笔交易的 1%(大约 13500 美元)，你会说什么？

最明智的办法就是向你叔叔表示感谢并予以谢绝。由于投资存在风

险，你应该得到比最有利的情形 2.24 更高的回报率（记住一口井产气需要好几年）。你很可能会破产，当然你会损失所有的钱。但如果你对这口井仍有兴趣，就需要做更精细的计算，从而你能根据最准确的数字来做决定。

在第 8 章，当你学习如何完成具体解释时，我们会再次研究 Howard 大叔的井，你将学习如何与快速粗略技术靠近。当然，如果你正在把你自己或其他人的钱投到这口井上，你就需要进行详细分析。因为这需要大量的专业知识，我们建议你找一位测井解释方面的专家——你们公司的任何一个人，或者是测井公司的某个人（通常他的建议是免费的）或者是顾问。

8 具 体 解 释

大多数测井解释，最基本的目的是至少确定一口井是否能产油气，这涉及解阿尔奇方程：

$$S_w{}^n=(F_r \times R_w)/R_t$$

式中　　n——饱和度指数。

地层因子与地层孔隙度相关，其方程是：

$$F_r=K_t/\phi^m$$

式中　　m——胶结指数，其变化范围从 1.6 到 2.2。

F_r 与 ϕ 的关系常用下列方程表示：

$$F_r=1/\phi^2 \text{（适用于硬地层地区）}$$

$$F_r=0.62/\phi^{2.15} \text{（适用于高孔隙度的汉布尔方程）}$$

$$F_r=0.81/\phi^2 \text{（适用于高孔隙度）}$$

为了解阿尔奇公式，你需要知道 R_w，经泥质校正后的交会孔隙度和 R_t。你可根据邻井的水分析样品获得 R_w 值，或利用明显 100% 含水地层的孔隙度和电阻率计算而来，再或者根据 SP 曲线计算而来。通过处理一种或多种不同的孔隙度仪器测井的测量结果可得到孔隙度值。

通常为了较好地估算孔隙度，你需要使用一种以上的孔隙度仪器。基于预测的孔隙度范围，你通常能假定 F_r 和孔隙度的关系。利用任意一种电阻率测量仪可以确定 R_t 值。通常深感应或深侧向曲线值被当作不需校正的 R_t 值。如果侵入较深或者地层很薄（＜10ft），深电阻率曲线就必须要进行校正了。

一旦你有基于逐点或逐层（如果你想用平均值）的信息，就可计算 S_w。作为井中所有信息的一部分，S_w 决定了是否应该下套管、试油、或者封井并废弃这口井。

你可利用孔隙度、含水饱和度和地层厚度值估算油井的预计供油面积，预测开发类型、根据下列方程估算地层的含油气量：

对于油：$N=（1-S_w）\times \phi \times A \times h \times B_o \times 7758\mathrm{bbl}$

对于气：$G=(1-S_w) \times \phi \times A \times h \times 1/B_g \times 43560\text{ft}^3$

式中　N——地层的总含油量；

　　　G——地层的总含气量；

　　　A——供油面积，acre；

　　　h——净产油层有效厚度；

　　　B_o——原油收缩率，它测量的是油到达地表温度和压力时其收缩程度；

　　　$1/B_g$——气层体积系数，它测量的是气体到达地表温度和压力时其体积膨胀的大小；

　　　7758——将英亩或英尺转换为 bbl 时的常数；

　　　43560——将英亩或英尺转换为 ft³ 时的常数；

　　将地层所含的油或气量转换为储量（这个量就是能实际被采出的量），乘以采收率。对于油，采收率的范围从 0.05 ~ 0.90，通常为 0.4。气体的采收率取决于油层枯竭压力和油藏驱动类型。对于水驱，采收率通常为 0.7 ~ 0.9。对于膨胀气驱，你可以用 $1/B_{gi}$（初始）和 $1/B_{ga}$（枯竭）之间的差值。

　　下面通过几种测井解释来研究如何得到含水饱和度所需要的各种参数。以 Howard 大叔的井为例，研究如何准确地进行初步解释。

8.1　实例 1：Sargeant 1–5 井

　　你可利用本书末尾的双感应测井（附图 4）和补偿中子—密度测井图（附图 5）进行解释，两张图的测井曲线上都有 GR 曲线，双感应图上有 SP 曲线，孔隙度图上有井径曲线，它们都在第 1 道。

　　通常首先要做的事情是确定和检验 R_w 值。根据邻井信息和当地的经验，对下 Cunningham 组，用 $R_w=0.12\Omega \cdot m$；对于 Morrow 组，$R_w=0.20\Omega \cdot m$。如果可能，可利用一种或两种下列方法来确定 R_w。

　　首先，寻找明显的纯水砂岩。如果根据它的低电阻率你能确认的话，可用下列方程计算出 R_w：

$$R_0=F_r \times R_w$$

$$R_w=R_0/F_r=R_0/(1/\phi^2)$$

$$=R_0 \times \phi^2 （对于低孔隙度地区）$$

　　纵观整个下 Cunningham 组，你会注意到没有明显的纯水层 [识别纯水层（S_w=100%）需要经验，纯水层通常电阻率和 GR 都很低]。这口井的低电阻率值与含泥有关，根据孔隙度曲线和高的 GR 值，你能识别出来。泥岩的中子曲线显示高孔隙度，密度曲线显示低孔隙度。

在 Morrow 组，一个层深度为 12640ft，它有较纯的 GR 测井曲线，电阻率为 $80\Omega \cdot m$。交会孔隙度是 5.5%。为了检验 R_w：

$$R_w = \phi^2 \times R_0 = 0.055^2 \times 80 = 0.24$$

这比较接近你假定的 R_w 值，但是还需进行另一种检验。

下一个确定和检验 R_w 的方法是利用 SP 曲线，SP 的偏移与 R_w 和 R_{mf} 钻井液滤液电阻率成比例。令人遗憾的是，在下 Cunningham 组 SP 曲线有非常小的或者就没有对应的偏移。——通常这种情况发生在低孔、低渗的地层（同样，如果 R_{mf} 和 R_w 相同，相对渗透层来说 SP 也将没有偏移。如果 R_{mf} 小于 R_w，SP 将向深度道的右边偏移）。在 Morrow 组的上部对应于最佳孔隙度点 SP 大约稍稍偏移了 0.7 小格。我们在这里检验一下 R_w 值：

$$SP_{mv} = -K_c \lg(R_{mfe}/R_{we})$$

式中　K_c——随温度变化的常数；

　　　R_{mfe}——等效的钻井液滤液电阻率；

　　　R_{we}——等效的地层水电阻率。

准确定义 SP 方程是根据两种氯化钠溶液的化学活动的比值而不是它们的电阻率。这是因为地层水电阻率和钻井液滤液电阻率取决于除了氯化钠以外的其他因素，每种电阻率必须转换为等效氯化钠的电阻率。利用图 8-1 可以做到这点。

为了计算 R_w，你需要 SP 读值为 0.7 小格 ×(−20)mV/ 小格 =−14mV，从测井图上可读取 R_{mf} 值（1.0869 ℉时和 BHT 井底温度）为 213 ℉。接着，利用常规方程将井底温度下的 R_{mf} 值转换为测量温度处的 R_{mf}：

$$R_2 = R_1 \times [(T_1+7) / (T_2+7)]$$

$$R_{mf} = 1.08 \times [(69+7) / (213+7)] = 1.08 \times (76/220)$$

$$= 0.37\Omega \cdot m（在 213 ℉时）$$

利用图 8-1 将井底温度的 R_{mf} 转换为 R_{mfe}。找到底部刻度 R_{mf} 等于 $0.37\Omega \cdot m$，向上做一条直线与 200 ℉线相交。目测 213 ℉是在

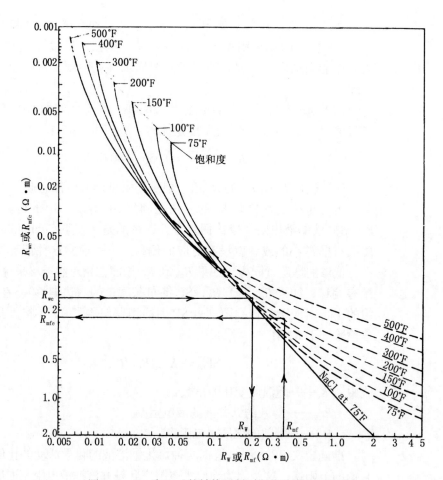

图 8-1 R_{we} 和 R_{mfe} 的转换图版（斯伦贝谢公司提供）

200 ℉ 和 300 ℉ 线之间。过此点做一水平线到左边界可读出 R_{mfe} 为 0.22Ω·m。

在图 8-2 底部找到 SP 值，过此点向上做一条直线和 200 ℉ 温度线相交，过这个交点向右做一水平线来确定 R_{mfe}/R_{we} 的比值。当 SP 等于 −14mV 且温度是 200 ℉ 时，R_{mfe}/R_{we} 等于 1.4。继续利用诺模图（诺模图是解方程的图形法）求 R_{we} 值。过 R_{mfe}/R_{we} 点和第二条线上 R_{mfe} 点做直线和第三条线相交，这个交点就是 R_{we}，我们可读出 $R_{we}=0.16$Ω·m。

现在你必须将 R_{we} 转换成 R_w。首先，在图 8-1 的左边界上找到 R_{we} 为 0.16Ω·m 的点，然后和 213 ℉ 温度线相交，再向下做直线与底部横轴线相交，可提到 R_w 等于 0.2Ω·m，这个值可用从邻井获得的信息来

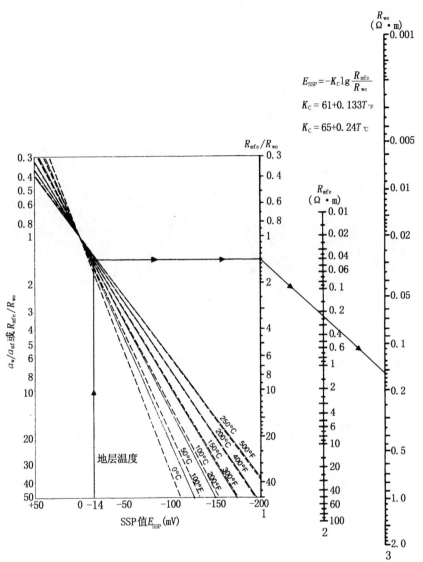

图 8-2 　根据 SP 曲线确定 R_{we} 的诺模图（斯伦贝谢公司提供）

检验，因此你利用它可以计算 Morrow 组。

　　由于你无法计算下 Cunningham 组的 R_w 值，可得到的最佳信息是 R_w 等于 $0.12\Omega \cdot m$，因此，你只能用它。在 Morrow 组，你能根据 SP 曲线来验证 R_w 等于 $0.2\Omega \cdot m$。

　　下一步来是建立如表 8-1 所示的测井数据分析表。Sargeant 地区已经被分析过了。注意这张表被分成了两部分，一部分是关于

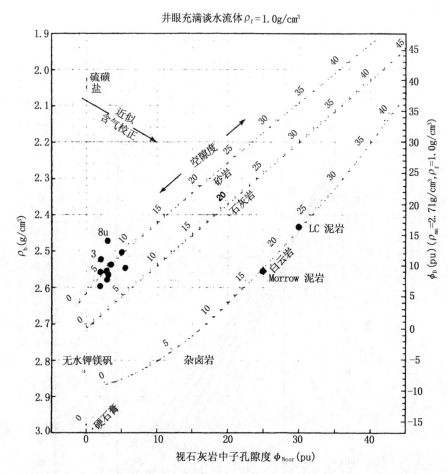

图 8-3　中子孔隙度—密度测井曲线的交会孔隙度图版（斯伦贝谢公司提供）

Cunningham 组，另一部分是关于 Morrow 组，同时也注意到第一点是泥岩层，你需要泥岩信息来确定 V_{sh}，并将交会孔隙度值校正为有效孔隙度。

当你处理低孔隙地层时，孔隙度通常是最关键的输入值。如果孔隙度不够大，地层将无法产出任何东西——甚至水。因此，首先研究孔隙度测井曲线，然后记录每层的 GR、ϕ_D 和 ϕ_N 值。当利用某层的平均值时，就像这里所做的一样，你能看到取值具有主观性，不同的人选用的数值可能会有轻微的差别。选取数值时试图用乐观值而不用悲观值，按照这种方法，如果根据测井曲线认为此层是水层或致密层，你能相信此解释结论。

　　下一步是计算 V_{sh}。注意在孔隙度测井曲线上画出的泥岩基线，下 Cunningham 组的泥岩基线在第 1 道内的第 6 小格处。在 GR 的最低值处画出了纯砂岩线。在这种情况下，GR_{cl}（纯砂岩的 GR）通常位于 1 小格处。现在计算下 Cunningham 组中层 1 和层 2 的 V_{sh}：

$$层 1：V_{sh}= (GR_{z1}-GR_{cl}) / (GR_{sh}-GR_{cl})$$
$$= (1.8-1.0) / (6.0-1.0) =0.8/5.0=0.16$$

$$层 2：V_{sh}= (1.0-1.0) / (6.0-1.0) =0/5=0$$

式中　　GR_{z1}——层 1 的自然伽马读值；

　　　　GR_{cl}——纯砂岩的自然伽马读值；

　　　　GR_{sh}——泥岩的自然伽马读值。

　　当你处理 Morrow 组选择泥岩和纯砂岩点时，会发现 GR_{sh} 为 5.0，但 GR_{cl} 仍为 1.0。

　　下一步，得出每个层的交会孔隙度和有效孔隙度。在图 8-3 上，纵轴刻度的是密度孔隙度，横轴刻度的是中子孔隙度，注意泥岩点落在了白云岩骨架线上（ϕ_D=16.2pu，ϕ_N=30pu），这里表示的是泥岩点，并不意味着地层是白云岩。在下 Cunningham 组泥岩的交会孔隙度等于 23%。

　　层 1 的交会孔隙度是 5.2（ϕ_D=7.5pu，ϕ_N=3.0pu）。由于 V_{sh}=0.16，证明地层含泥质，因此我们必须对交会孔隙度进行校正以便得到有效孔隙度 ϕ_e：

$$层 1：\phi_e=\phi_{xp}-V_{sh}V_{shxp}$$
$$=5.2-0.16 \times 23=5.2-3.68$$
$$=1.52pu$$

$$层 2：\phi_{xp}=9.0pu(\phi_D=12.0pu, \phi_N=5.0pu)$$
$$\phi_e=\phi_{xp}，因为 V_{sh}=0$$

　　计算完所有的 V_{sh} 和 ϕ_e 值后，还需要确定各种地层的 R_t 值。我们会剔除掉孔隙度小于 5% 的地层，这是因为，这类地层太致密从而无法开采（除非它存在天然的裂缝）。

　　现在将电阻率值填入表格中的浅、中、深曲线内，如果地层厚度小于 30ft，电阻率值必须进行围岩影响校正。将校正后的电阻率值用于适当的旋风图版，可以确定 R_t 值。

R_t 值均已填入表 8–1 内。你还必须进行精细校正，你需要从相应的测井公司得到他们的校正图版资料。图版资料内有使用方法指南。

不需要使用图版校正，用 R_{tmin} 方法可完成地层厚度校正。如果你想使用这种方法，地层厚度将是 10 ~ 25ft。深探测电阻率值至少是泥岩电阻率的 10 倍，于是得到 R_{tmin}：

$$R_{tmin} = R_s \times (R_w / R_{mf})$$

式中　　R_s——浅探测电阻率读值。

这种方法将根据浅探测电阻率读值和被侵入地层电阻率给出某一地层理论电阻率的最小值。你能将这种方法应用于下 Cunningham 组。如果 $R_w = 0.12\,\Omega \cdot m$，且 $R_{mf} = 0.37\,\Omega \cdot m$，则：

层 1：$R_{tmin} = 1200 \times (0.12/0.37) = 389\,\Omega \cdot m$

层 2：$R_{tmin} = 700 \times (0.12/0.37) = 227\,\Omega \cdot m$

对于 Morrow 组，地层大约有 50ft 厚，因此不必进行层厚校正。在旋风图版（图 8–4）上找到由电阻率测井得到的 R_{SFL}、R_{ILM} 和 R_{ILD} 值，并根据 R_t/R_d 的比计算出 R_t。现在计算层 5（12, 626–12, 634ft）。要想使用图 8–4 上的旋风图版，你需要 R_{SFL}/R_{ILD} 和 R_{ILM}/R_{ILD}。从表 8–1 上你可知 $R_{SFL} = 900\,\Omega \cdot m$，$R_{ILM} = 180\,\Omega \cdot m$，和 $R_{ILD} = 130\,\Omega \cdot m$，则：

$$R_{SFL}/R_{ILD} = 900/130 = 6.92$$

$$R_{ILM}/R_{ILD} = 180/130 = 1.38$$

从旋风图版上得到：

$$R_t/R_{ILD} = 0.90$$

$$R_t = R_t/R_{ILD} \times R_{ILD} = 0.90 \times 130 = 120$$

现在你知道了 R_t、R_w 和 ϕ_e，你就能用阿尔奇公式计算出 S_w。最后，用 S_w 乘以 ϕ_e 得到水的总体积（BVM），并将这两个值填入表 8–1 中。以下 Cunningham 组为例：

层 1：$\phi_e = 2.0$pu，层 1 太致密以至于无法开采。

层 2：$R_t = 22\,\Omega \cdot m$，$\phi_e = 9.0$pu，$S_w = \sqrt{R_w / (\phi^2 \times R_t)}$

$$S_w = \sqrt{0.12/(0.09^2 \times 220)} = \sqrt{0.12/1.78} = \sqrt{0.0673} = 0.26 = 26\%$$

$$BVW = S_w \times \phi_e = 0.26 \times 0.09 = 0.023$$

表 8-1 测井数据

公司　油田　县　州　Sargeant 1-5 井

深度 (ft)	GR (gAPI)	V_{sh}	R_{ILS} (Ω·m)	R_{ILM} (Ω·m)	R_{ILD} (Ω·m)	R_{tmin} (Ω·m)	ϕ_D (%)	ϕ_N (%)	ϕ_{xp} (%)	ϕ_e (%)	S_w (%)	BVW (%)	REMRKS 备注
12734 ~ 12748	6.0	1.0	3	2	2	2	16.2	30	23	—	—	—	下 Cunninghan 泥岩
12774 ~ 12784	1.8	0.16	1200	70	52	380	7.5	3.0	5.2	2.0	88	0.018	Zn1 致密层
12754 ~ 12761	1.0	0	700	110	85	220	11.0	5.0	9.0	9.0	26	0.023	Zn2 气层
12739 ~ 12744	1.1	0.02	1500	350	85	480	12.0	2.0	7.0	6.5	24	0.016	Zn3 气层
12694 ~ 12698	3.5	0.50	400	40	40	130	6.0	2.0	4.0	0	—	—	Zn4 致密层

据邻井：下 Cunningham 组 R_w=0.12Ω·m

12650 ~ 12660	5.0	1.0	4.5	3	3	3	9.0	25	17	—	—	—	Morrow 泥岩
12640	1.0	0	380	90	80	80	9.0	2.0	5.5	5.5	91	0.05	致密层
12626 ~ 12634	1.8	0.2	900	180	130	120	9.5	5.0	7.5	4.0	100	0.04	Zn5 水层
12616 ~ 12622	2.3	0.32	200	90	160	160	8.5	3.0	6.0	0.5	—	—	Zn6 致密层
12604 ~ 12611	1.7	0.17	300	450	120	120	9.0	3.0	6.0	3.0	100	0.03	Zn7 致密层
12592 ~ 12598	1.0	0	350	120	200	200	10.0	3.5	7.0	7.0	45	0.03	Zn8L 含气致密层
12583 ~ 12592	1.0	0	200	90	90	90	14.0	3.0	9.0	9.0	52	0.047	Zn8U 气层

据 SP：Morrow 组 R_w=-0.20Ω·m

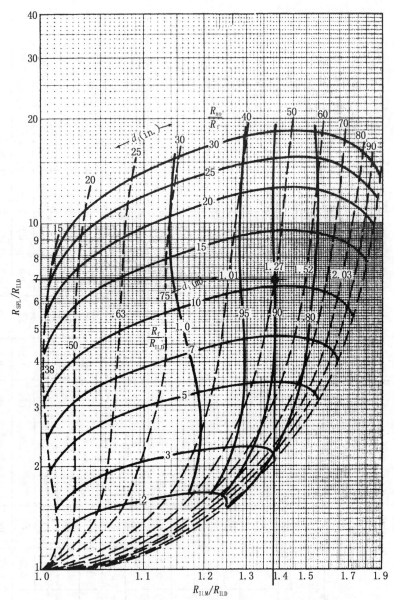

图 8-4　双感应测井—微球形聚焦测井的旋风图版

层 2 产气但不产水。

层 3：$R_t = 480\,\Omega\cdot\mathrm{m}$，$\phi_e = 6.5\mathrm{pu}$

$$S_\mathrm{w} = \sqrt{0.12/(0.065^2 \times 480)}$$

$$= \sqrt{0.12/2.028}$$

$$=0.24=24\%$$

$$BVW=0.24 \times 0.065=0.016$$

如果层 3 有产量，它将产气而不产水，但孔隙度很低。

地层 4：$\phi_e=0$，没有产量。

在 Morrow 组，仅仅层 8 显示出有产能。这里 S_w 和 BVW 都很好，地层将产无水纯气。

唯一剩下的任务是完成储量估算，用以研究是否存在足够的油气使油井开发具有经济价值。以下方程中，下标 i 和 a 分别代表初始压力和枯竭压力。同样假定 $1/B_{gi}-1/B_{ga}=225$，气储量的方程是：

$$G_p=43560 \times (1-S_w) \times h \times \phi \times A \times (1/B_{gi}-1/B_{ga})$$

层 2：$G_p=43560 \times (1-0.26) \times 0.09 \times 7 \times 640 \times 225$

$$=2924304768 ft^3$$

$$\approx 2.9 \times 10^9 ft^3$$

层 3：$G_p=43560 \times (1-0.24) \times 0.065 \times 5 \times 640 \times 225$

$$=1.55 \times 10^9 ft^3$$

层 8L（底部）：$G_p=1.45 \times 10^9 ft^3$

层 8U（上部）：$G_p=2.98 \times 10^9 ft^3$

下 Cunningham 组的总气储量是 $44.5 \times 10^9 ft^3$，Morrow 组为 $44.3 \times 10^9 ft^3$。

按 78% 的净收入收益（NRI），1.25 美元 /kft^3 的销售价格进行和第 7 章相同的分析，得出表 8-2。

表 8-2　收益情况分析

	最有利情形	最有可能情形	最不利情形
钻井成本（美元）	（1200000）	（1200000）	（1200000）
LC 组净收益（美元）	3900000	2900000	2300000
Morrow 组净收益（美元）	3880000	1725000	
开发 Morrow 组的额外收益（美元）	150000	150000	150000
利润（美元）	6430000	3275000	950000
投资回报率	4.76	2.42	0.70

根据 Howard 大叔公司的准则，这是一口微利井。在开发前他们希望有 4∶1 的回报率，但是只能在最有利的情形下这口井才能有这么好的回报。

在现实中，这口井仅开发了下 Cunningham 组。它看起来好像有 $2.5 \times 10^9 ft^3$。另外，气价格已经下降到 1.10 美元 /kft³（在整个生产周期井的平均价格是大约 1.15 美元 /kft³）。如果 Morrow 组没有开采，则 ROI 是 1.69。很明显，开发 Morrow 组更便宜些，这是下一步的事情。

8.2　来自海湾地区的实例

现在我们来研究来自海湾地区的一组测井曲线。

我们有另外一口气井。它的地层是非压实的，高孔隙度砂岩，目的层位于上 Hull 砂岩，是这个区域的一口高产井。我们来估算储量。

我们现有一组组合测井曲线：感应测井 /BHC 声波测井（西方阿特拉斯公司的产品名称）、SP 及井径曲线（附图 6），还有补偿中子—密度孔隙度测井和 GR 与井径曲线（附图 7）。由于我们所研究区域主要是砂岩，中子和密度测井主要是在砂岩骨架上完成的（注意测井数据下的图头）。

仔细研究这两组测井曲线并注意标记为地层顶部的部分。这两种测井曲线有 8ft 的差别，一些没有进行合适的记录。类似这样的错误必须被识别出来，否则，甚至会产生更加严重的错误，例如将孔隙度资料与来自地层不同部分的电阻率资料一起使用。

首先要做的事情是确定 R_w。研究在 9860 ~ 9866ft 井段层 A 的感应电测井曲线。由于电阻率非常低 $(0.4\Omega \cdot m)$，并且从测井曲线上可见 SP 曲线有最大的偏移，因此这个层明显是水层。在 9868 ~ 9874ft 井段的孔隙度测井曲线找到相应的点，读取其孔隙度值。由于中子和密度孔隙度的读值相同，适合纯的 100% 含水的砂岩，孔隙度是 28%，因此：

$$R_0 = F_r \times R_w \text{ 或者 } R_w = R_0 / F_r$$

$F_r = 0.81 / \phi^2$ 对于非压实地层，于是：

$$R_w = R_0 \times (\phi^2 / 0.81)$$

$$R_w = 0.40 \times (0.28^2 / 0.81) = 0.039 \Omega \cdot m \text{（在井底温度时）}$$

你可以通过用 SP 曲线计算来检验 R_w 值。在附图 5 上，已经替你画上了泥岩基线和砂岩处最大偏移线（SSP）。泥岩基线是通过均匀的泥岩层处画出的，并且向上和向下延伸到了目的层。SSP 曲线是在对应于砂岩的最大偏移处而画出的，在这种情况下，层 A 的最大偏移量是 −5.7 个小格。

为了用 SP 计算 R_w，你需要用毫伏表示 SP 偏移（−5.7div×−10mV/div=−57mV）、测量温度下的 R_{mf} 值（在 85 ℉时为 0.38 Ω·m）、井底温度（从附图 5 图头上可知是 188 ℉）。你首先必须将 85 ℉时 R_{mf} 转换为井底温度。

R_{mf}@BHT（井底温度）=0.38×(85+7)/(188+7)=0.18 Ω·m

下一步，在图 8−1 上找到 R_{mf} 并将它转换成 R_{mfe}(0.14 Ω·m)。利用 R_{mfe} 和 SP=−57mV，从图 8−2 上可确定 R_{mfe}/R_{we}=4.8。继续利用图版，你可以确定 R_{we}=0.027 Ω·m。

返回到图 8−1，这次 R_{we} 位于左边纵轴上，找到 R_w=0.037 Ω·m。这个值与用 R_0 方法得到的 R_w 值很相当，综合分析后采用 R_w=0.038 Ω·m。

现在另建一张测井分析表（表 8−3）。由于增加了一条声波时差（t）曲线，这张表略微有些不同。因为孔隙度高，侵入浅，感应测井值与 R_t 值非常接近。受气体和泥岩的影响，声波孔隙度将会很高，利用附图 6 中第 1 道上的 R_{wa} 曲线可快速显示。

R_{wa} 是视地层水电阻率。记得阿尔奇公式中 $R_0=F_r×R_w$ 或 $R_w=R_0/F_r$。如果你假定每个层都含水，你能计算出 R_{wa} 值的某一范围。最低值将对应于实际水层，较高值将对应于油层或气层。通过把这些值标在测井曲线上，高的视 R_w 值会凸显出来，它能指示出要进行精细计算的井段。由于感应测井曲线是与声波曲线组合测量的，你能比较容易地完成这种计算。声波时差被转换成 ϕ 后代入 F_r。用感应测井值除以 F_r，其结果就是第 1 道内画出的 R_{wa}。在附图 6 中 R_w 的刻度是 0～1Ω·m。注意在含水砂岩处它在 0.03 Ω·m 左右变化，但在 9844～9806ft 井段时跳到非常高的值。这表明该层可能有产能。

利用 GR 曲线计算 V_{sh}，GR_{sh}=6.0 小格，并用 GR_{cl}=2.2 小格（附图 7 上所画出的线）。

为了进行更精细的分析，使用中子—密度交会图得到交会孔隙度。虽然有图版有助于找到 ϕ_{xp}，但是用方程会更准确、更快速。

$$\phi_{xp}=\left(1.5\phi_D+\phi_N\right)/2.5$$

表 8-3　泥质砂岩实例中的测井数据

深度 (ft)	R_{ILD} (Ω·m)	T (°F)	ϕ_S (%)	GR (gAPI)	V_{sh}	ϕ_D (%)	ϕ_N (%)	ϕ_{xp} (%)	ϕ_c (%)	ϕ—ft	S_w (%)	Hc—ft	BVW	备注
9856	1.0	95	30	2.4	0.05	24	30	27	25.5	—	69	—	0.175	水层
52	0.3	96	30.5	3.3	0.29	25	25	25	16.5	0.66	100	0	0.25	水层
48	0.45	94	29	2.6	0.11	26	30	28	25	1.00	100	0	0.25	水层
44	2.0	96	30.5	2.2	0	30	23	27	27	1.08	46	0.58	0.15	水层
40	8.5	96	30.5	2.2	0	32.5	12	24.5	24.5	0.98	25	0.74	0.06	气层
36	10.0	84	21.5	2.2	0	34	13.5	26	26	1.04	21	0.82	0.055	气层
32	20.0	92	27.5	2.4	0.05	32.5	12	24.5	24.5	0.98	25	0.74	0.06	气层
28	12.0	84	21.5	2.7	0.13	25.5	14.5	21	17.5	0.70	22	0.55	0.039	气层
24	32.0	89	25	2.2	0	32	10.5	23.5	23.5	0.94	13	0.82	0.030	气层
20	21.0	70	12	2.3	0.03	13.5	9	12	11	0.44	31	0.30	0.034	气层
16	15.0	82	20	2.5	0.08	11	11	11	9	0.36	36	0.23	0.032	气层
12	12.0	94	29	2.7	0.13	21	12	17.5	14	0.56	26	0.41	0.037	气层
08	2.6	103	36	3.0	0.21	7	12	9.5	3.5	—	—	—	—	致密层
04	6.0	60	3	2.7	0.13	0	9	3.6	1	—	—	—	—	致密层
泥岩	0.9	96	30.5	6.0	1.0	23	34	27	—	—	—	—	—	泥岩

注：对于 ϕ_{xp}：$\phi_D = (1.5\phi_D + \phi_N)/2.5$。

当油藏压力小于 5000psi 时，气层常应用此关系式。由于密度孔隙度受气体的影响比中子孔隙度要少，它的权值更高。

高压气层将使用下面方程：

$$\phi_{xp} = (\phi_D + \phi_N) / 2$$

根据下列关系可计算 ϕ_e：

$$\phi_e = \phi_{xp} - V_{sh} \cdot \phi_{shxp}$$

表 8-3 中包含了一个新的参数：孔隙度—英尺（厚度加权孔隙度）（ϕ-ft）。这个参数是有效孔隙度乘计算孔隙度时的深度范围。这里你每隔 4ft 完成一次计算（实际上，你是每隔 2ft 完成一次计算），因此有 $4\phi_e$。为了在此层得到总孔隙度—英尺，累加 ϕ-ft 列（8.74）。如果你想得到每层的平均孔隙度，除以地层厚度（52ft），于是有 $\phi_{avg} = 8.74/52 = 0.168 = 16.8\%$。

接下来计算每点的含水饱和度。地层中泥质的存在降低了地层真电阻率，如果你想利用阿尔奇公式计算 S_w，你会得到一个太高的值，并可能会漏失产层。已经研究出许多不同的方法来计算泥质砂岩的含水饱和度，这里你将使用的方法是由 Simandoux 发明的，且相对简单：

$$S_w = (c \times R_w) / \phi^2 \left[\sqrt{5\phi^2 / (R_w \times R_t) + (V_{sh} / R_{sh})^2} - V_{sh}/R_{sh} \right]$$

式中　　c——常数。

对于砂岩，$c=0.4$；对于碳酸盐岩，$c=0.45$。

注意：当 $V_{sh}=0$ 时，你可以使用简单的阿尔奇公式。虽然用手工计算 Simandoux 方程较困难，但通过编制简单的程序能很容易完成这些计算处理。

现在用 R_{ILD} 作为 R_t 计算 S_w，$R_w=0.038\Omega \cdot m$ 和 $R_{sh}=0.9\Omega \cdot m$ 作为表 8-3 内的 V_{sh} 和 ϕ_e 值。在表 8-3 中 S_w 列，记下你的结果。

现在我们研究另一个新参数：油气—英尺（hc-ft）（每单位厚度含油气量），它是孔隙度—英尺乘（$1-S_w$）（记住油气饱和度 $S_h=1-S_w$）。根据油气—英尺，你能找到平均含水饱和度，当你进行储量计算时，能非常方便地使用这种测量值。

在表 8-3 内的最后一列是水的总体积（BVW）。当检查这列时，你能看见，在 9844～9840ft 处是气水界面。9840ft 是这个产层的底部深度，顶部深度是 9812ft，顶部以上的地层是致密的。

现在来进行储量计算。这是一个水驱油藏，估计采收率 r_f 是 80%。用 $1/B_g=175$（气体膨胀系数），则：

$$储量 =43560 \times [h \times \phi \times (1-S_w)] \times A \times 1/B_g \times r_f$$

括号内的项是油气—英尺，你能从表 8-3 中获得，在 9840～9812ft 井段的总油气—英尺是 5.19−0.58=4.61。

$$储量 =43560 \times 4.61 \times 160 \times 175 \times 0.8$$
$$=4.52 \times 10^9 \text{ft}^3$$

简而言之，这就是你如何完成具体的测井解释工作。现在计算机能帮助我们生成和解释测井曲线。想要学习更多的知识，请读第 9 章。

9 计算机生成的解释

今天，从测井获得的信息量确实令人吃惊，特别是当你想象在 20 或 30 年前，复杂的解释是靠手工每 2ft 计算一个含水饱和度来完成的时候。自从 1927 年在法国佩彻布朗（Pechelbronn）第一次进行测井后，新的放射性探测器，井下微处理器（微型计算机），尤其是车载计算机对测井工业产生了深远的影响。

新的探头和微处理器使大量测量成为可能：有伽马射线能谱、次生伽马能谱、根据光电效应测量的体积密度、声波波幅记录、地层倾角测井等，这里仅列举了一小部分。几年前，这些测量技术中的大多数要么不为人所知，要么只能在实验室里完成。

功能强大的车载计算机使这些测量成为可能。计算机处理的大量信息，通过井下遥测系统被传送到地面并记录到磁带上，经过环境影响校正，合并来自几种不同仪器的数据，完成复杂的运算，以不同的测井格式打印数据信息并同时记录测井深度，以及在仪器不正常时警告测井工程师。井场计算机能够将这些信息转变成不同的表示形式，包括常规测井曲线及井眼与地层的图像显示——经常是彩色的。甚至可以通过卫星把数据从井场传到世界上任何一个计算机处理中心或油公司的办公室。

毫无疑问，计算机是一个很好的省力装置。它能进行计算并提交人工不可能完成的数据计算。计算机的长处在于它的速度和重复计算的能力，其不足之一是信息超载。以新的和不为人熟悉的形式存在的巨量数据具有压倒性的特点。计算机另一个不足是它只能按指令行事，不能思考（至少目前不能），并且不能做出判断或完成真正的解释。这些事仍需要人来做。

9.1 井场计算机测井曲线

井场计算机测井曲线经常被叫做快速显示测井曲线。这些测井曲线在采集数据之后（有时在采集过程中）——在仪器下井和采集数据之后就在现场产生了。这些测井曲线可以用以前几种不同仪器采集的数据计算出来，或许他们是来自一种测井曲线的数据的不同表现形式。例如，

图 9-1 是另一种对钻井工程师更有利的井径曲线的表现形式。这样的话，对一个（特定）的套管尺寸，可以根据井径计算出所需要的水泥

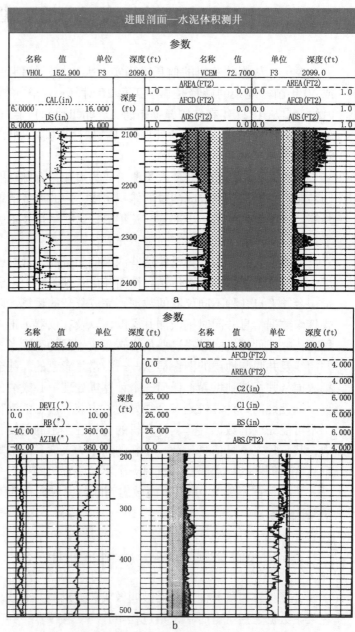

图 9-1　井眼剖面和水泥体积测井图（斯伦贝谢公司提供）
钻井工程师根据它确定固井需要的水泥量

量。地质师或工程师利用现场计算的测井曲线可以对地层或井身情况做出快速评价。所有大的测井公司和许多小公司都有现场处理能力并且能提供类似的现场成果。

图 9-2 是现场计算机生成的 Sargeant1-5 井的测井解释曲线。这是展示计算机生成测井曲线的长处和短处的最好实例。在这个实例中，整个下 Cunningham 和 Morrow 组采用的 R_w 为 0.09Ω·m。你要知道，根据邻井生产和以前测井曲线计算结果，在下 Cunningham 组使用的 R_w 为 0.12Ω·m，而在 Morrow 组 R_w 为 0.2Ω·m。用 0.09Ω·m 而不是正确的 R_w 数值会使计算的含水饱和度在下 Cunningham 组低到了 15%，而在 Morrow 组低到 33%。这种偏差足以导致重大错误，例如，在水井下套管，或放弃一口有生产能力的井。

当研究别人的解释时——甚至是计算机的解释——最需要注意的是检查所有的假设，输入值和应用的方法。为什么选择特定的 R_w？它与同一地区其他井用的 R_w 相一致吗？所用的泥岩值又是多少？测井曲线做了环境校正吗？这些问题很重要，因为它们影响目的层测井曲线值的校正。然后我们可以询问这口井的分层是否合适？换句话说，在解释时对不同地层做了必要的参数改变吗？

最常用的现场计算机测井解释用的测量值有：计算含水饱和度、交会孔隙度和岩性所需的深电阻率、中子密度孔隙度、GR、SP 和井径曲线。在预解释时，首先对测井曲线进行环境影响校正（温度、井眼尺寸、矿化度、钻井液比重），在这个过程中（图 9-3），通过中子和密度曲线交会得出校正后的孔隙度。然后测井工程师选取需要的不同参数（R_w、GR_{sh}、SP_{sh}、ϕ_{Nsh} 等）完成解释。

图 9-4 是图 9-3 的井的解释过程。注意，在两张图上，光电因子曲线（PEF）位于第 3 道。PEF 曲线指示岩性，在深度道里显示的是灰岩（无符号），砂岩（粗点模式），白云岩或（泥岩）（细点模式）。图 9-4 的第 1 道包含了虚线指示的泥岩。第 3 道里 ϕ_e 和 BVW 之间涂黑的区域代表油气。测井曲线显示出在下列区域有前景：

层 1：6354 ～ 6360ft ϕ =12% S_w=30%

层 2：6338 ～ 6346ft ϕ =13% S_w=15%

层 3：6230 ～ 6240ft ϕ =12% S_w=35%

这些层需要进一步加以研究。

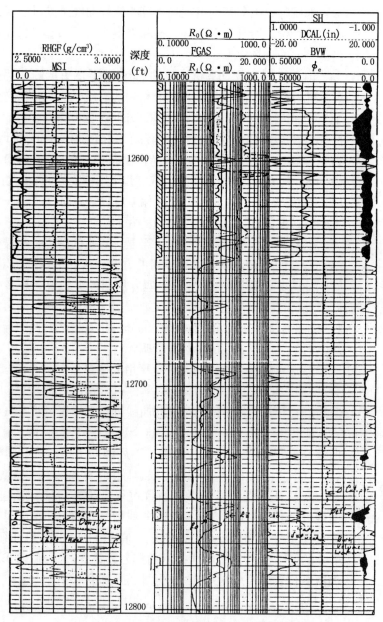

图 9-2　Sargeant1-5 井现场计算机处理解释曲线
注意计算的含水饱和度比第 8 章要低

很显然，计算机生成测井解释曲线的强大优势在于能连续进行计算；我们需要做的是直接从测井曲线上读出 ϕ_e、S_w 和 BVW 值（在我们检查完假定值之后）。计算机有助于对 BVW 和 ϕ_e 曲线之间的区域涂

阴影，以便突出油气含量，也可以改变曲线间的阴影程度或者点的模式
来指示不同的岩石类型。

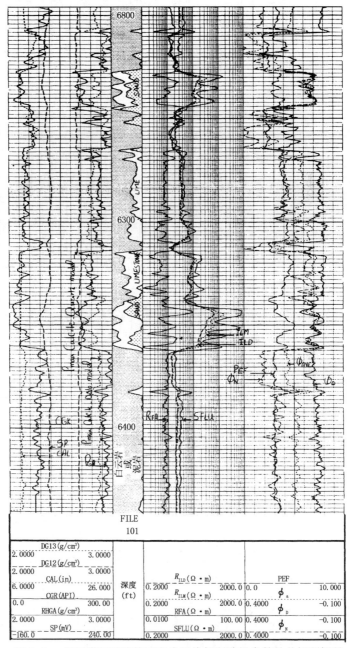

图9-3　用于进行环境校正和为最终解释选择参数的井场预解释

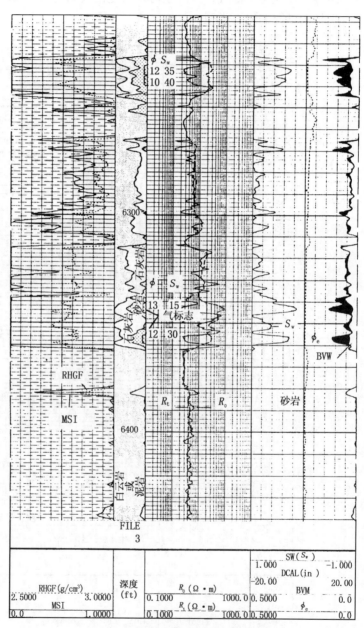

图 9-4　现场计算机解释的测井曲线
注意深度道内的岩性信息

9.2　计算中心处理解释

计算机测井解释可在现场进行也可在计算中心进行。计算中心配备了经验丰富的测井分析家和功能强大的解释程序。他们经常处理更复杂的测井项目，例如斯伦贝谢公司的微电阻率扫描成像测井（FMI）或哈里伯顿公司的EMI，井眼成像解释是靠经验丰富的工程师通过寻找倾角和裂缝来完成的，这是一项需要人的经验的技术。计算中心可以完成比在井场可能做的更复杂的解释。计算机处理技术需同时考虑不同的输入参数和所有种类的信息（不仅仅是测井数据），它能用尽可能少的假设计算出最合适的结果。

对比图9-4（现场计算解释的测井曲线）和图9-5（计算中心解释并生成的测井曲线），它们属于一口井和同一个深度段。我们马上可以看出格式的变化。测井曲线的左边是深度道，第1道是自然伽马和视颗粒密度 ρ_{ga} 曲线（通过输入 ϕ_{xp} 和 ρ_b 求解密度孔隙度方程，得出颗粒密度），第1道可指示渗透率。

测井曲线中间的第2道可分成两个子道，2A道显示含水饱和度（如果测微侧向测井还可以指示残余油体积），2B道显示渗透率 K 和 BVW。2B道还显示了井径曲线，0格线代表了钻头尺寸。第3道显示了整个地层的总体积分析结果。在这种情况下，总体积被分成干黏土、束缚水（吸附在干黏土上的水）、粉砂、骨架和有效孔隙度。这种孔隙度又可进一步被分成含水孔隙度和含烃孔隙度。数据显示的变化取决于所测的曲线。

计算中心解释的含水饱和度值会略高，而孔隙度值略低。现在层1的最大孔隙度为8%，含水饱和度大约为40%，油层减小了大约2ft，前景不很乐观。层2的最大孔隙度是9%，含水饱和度为20%。我们仍有大约4ft的油层。层3的油层大约为2ft，孔隙度为9%，含水饱和度为30%。

通常认为计算中心的解释比现场解释准确得多，主要是因为解释中心拥有功能强大的电脑和程序，比在现场应用了更多的信息和进行了更复杂的校正。另外，测井解释专家进行解释时，经常参考油公司测井分析家和地质家的观点。

更精细的解释还包括图9-6列出的一些重要的输出参数（S_w、ϕ_e、渗透率、颗粒密度、V_{sh}），还有一些附加计算结果（按深度累加孔隙

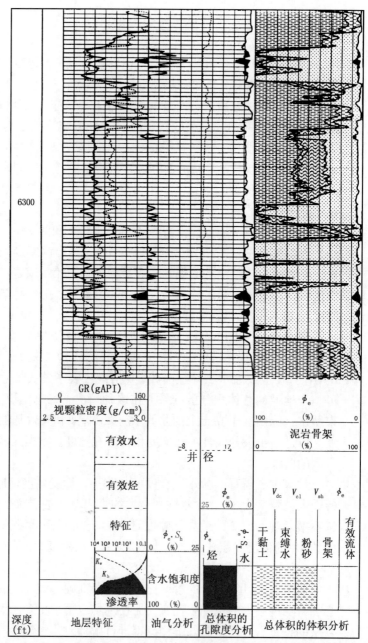

图 9-5　计算中心对图 9-4 显示的同一口井进行的测井解释
注意左边深度道格式的不同，这是测井公司为区分井场与计算中心解释
的曲线时常用的做法

COMPANY ： SALES EXAMPLP   WELL ：   FAGE 5

DEPTH	PAT. SAT.	POR. EFF.	POR. 2ND	CUM. EFF. POR.	CUM. HC=FT	PFRM. INTNIN	PERM. GAS	PERM. OIL	PERM. WATER	COM. PERM. GAS	CUM. PERM. OIL	CUM. PERM. WATER	CLEAN GRAIN DENS	VOL. SH
ft	pu	pu	pu	ft	ft	mD	mD	mD	mD	ft	ft	ft	g/cm³	pu
6268	85	8.0	8.0	4.1	0.6	0.2	0	0	0	6.0	0	0	2.70	37
6269	79	8.0	8.0	4.0	0.5	0.2	0.1	0	0		0	0	2.78	36
6300	100	5.0		2.7	0.5	0	0	0	0	6.0	0	0	2.80	12
6302	87	5.0		2.6	0.5	0	0	0	0	6.0	0	0	2.84	15
6334	86	5.0		1.5	0.5	0	0	0	0	6.0	0	0	2.79	3
6340	67	7.00		1.3	0.5	0.3	0.3	0	0	6.00	0	0	2.71	16
6341	42	0.00		1.2	0.4	2.5	2.5	0	0	6.00	0	0	2.69	0
6342	23	9.00		1.1	0.4	1.9	1.9	0	0	5.00	0	0	2.69	0
6343	20			1.1	0.3			0	0	3.00	0	0	2.70	0
6344	39	5.0		1.0	0.3			0	0	1.0	0	0		0
6349	41	6.0		0.9	0.3	0.1	0.1	0	0	1.0	0	0	2.71	0
6350	38	6.0		0.8	0.2	0.1	0.1	0	0		0	0		
6355	45	7.0		0.6	0.1	0.3	0.3	0	0	1.0	0	0	2.69	13
6357	34	8.0		0.5	0.1	0.6	0.6	0	0	1.0	0	0	2.70	0
6358	52	8.0		0.4	0	0.2	0.1	0	0		0	0		
6361	65	8.0		0.3	0	0.5	0.2	0	0	0	0	0	2.69	24

图 9-6　图 9-5 使用的计算出的测井值

计算储量时能很容易地使用表中列出的目的层的参数

度，按深度累加油气量），这些值对储层和计算地下油气含量都很有用。

看一下计算的测井解释曲线上位于 6340 ~ 6344ft 的层。在列表中找到相应的层，其中 S_w 从 67% 到 20%，ϕ_e 从 5% 到 9%。将累加孔隙度—英尺列的数据按孔隙度与深度求和（积分）。这口井从总井深到 6340ft 的总的孔隙度—英尺数为 1.3。找到目的层的孔隙度—英尺数，即低于 6344ft 的层的累加孔隙度—英尺仅仅为 0.9，用 1.3 减去 0.9，结果为 0.4 孔隙度—英尺。在 4ft 外的地层，有 0.4ft 的空间可以容纳流体。这个数值可用于做净孔隙度等值图（净孔隙度图）。

表 9-6 中的下一列是油气—英尺，对每英尺地层，用（$1-S_w$）乘以 ϕ_e 可得到。为了得到这个数：将低于目的层最后深度的油气—英尺值（在 6349ft 时为 0.2hc-ft）减去层顶部的油气—英尺值（0.5hc-ft）。储量计算时结果就是（$1-S_w$）$\times \phi_e \times b$。这 4ft 厚层计算的储量为：

$$G_p = 43560 \times (1-S_w) \times \phi_e \times b \times A \times 1/B_g$$

但是 $(1-S_w) \times \phi_e \times b =$ 每层的油气—英尺值

因此，$G_p = 43560 \times (0.5-0.2) \times 160\mathrm{acre} \times 125 = 0.262 \times 10^9 \mathrm{ft}^3$

到目前为止，确定含水饱和度需要依靠传统的测量参数——电阻率和孔隙度。它需要一个电阻率剖面，二到三种独立的孔隙度测量，估算的地层水矿化度。由于地层在饱和油与饱和盐水时电阻率差别很大（蒸馏水的电阻率很高，与油和气类似），我们可以用电阻率计算含水饱和度。常规情况下，地层水有中到高浓度的矿化度。如果不是这种情况，而是矿化度很低，那综合电阻率就会很高，那么油层和水层间电阻率几乎没有差别。

当地层矿化度变化时又会出现另外一个问题。注水时注入水不同于原生水就会出现这种情况。在有些情况下，地层水矿化度在很短的井段内发生很大的变化，就像我们看到的 R_w 在下 Cunningham 组和 Morrow 组的变化。

显然，含水饱和度的测量实际上不受地层水矿化度的影响。有了新的仪器，我们可对这些地层选用不同的方法，而过去只能局限于传统的解释方法。介电常数技术是我们研究的第一种方法。

9.3 介电常数测井

表 9-1 列出了实验室确定的一些常用岩石矿物和流体的介电常数 ε 值。除水以外，大多数介电常数值都很低。尽管水的 ε 值会随着矿化度的变化而变化，但它仍然比油高 25 倍，比气高 50 倍。这个数值几

乎是独立于矿化度的最好的对比。由于地层的介电常数都很低，除泥岩外所有地层的数值几乎相同。介电常数测量值的变化主要是含水孔隙度的函数。

表 9–1   相对介电常数和传播时间

名称	相对介电常数	传播时间 t_{pl}(ns/m)
砂岩	4.65	7.2
白云岩	6.8	8.7
石灰岩	0.5 ~ 9.2	9.1 ~ 10.2
硬石膏	6.35	8.4
岩盐	5.6 ~ 6.35	7.9 ~ 8.4
石膏	4.16	6.8
干胶体	5.76	8
泥岩	5 ~ 25	7.45 ~ 16.6
油	2 ~ 2.4	4.7 ~ 5.2
气	1	3.3
水	56 ~ 80	25 ~ 30
淡水	78.3	29.5

通过测量电磁波的衰减和相移，还可以从仪器设计中知道角速度和磁导率，我们可以确定地层的介电常数和电导率。

描述电磁波传播的基本公式是：

$$\gamma = \alpha + j\beta$$

$$\omega^2 \mu \varepsilon = \beta^2 - \alpha^2$$

$$\omega \mu \sigma = 2\alpha\beta$$

$$t_{pl} = \beta / \omega$$

式中 γ ——电磁波传播；

  α ——波的衰减幅度；

  β ——相移；

  ω——角速度；

  μ——磁导率；

  ε——介电常数；

  σ——电导率；

  t_{pl}——传播时间。

  测量介电常数的仪器设计了装有微波发射探头和接收探头的极板，测量时极板被推靠在井壁上。使用频率为 1.0GHz 左右。波从两个发射探头发出，通过天线接收其衰减幅度和相移（图 9–7），这两个测量结果即衰减幅度和相移，都是测井曲线记录的原始数据。这种装有极板的

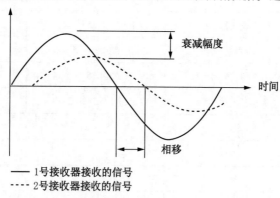

图 9–7 电磁波传播信号（斯伦贝谢公司提供）

仪器主要测量冲洗带。

  另一种测量介电常数的仪器使用了低频电磁波。发射探头和接收探头都安装在居中的心轴上而不是极板上。为了探测侵入剖面，这种仪器使用了沿心轴按一定间距排列的几个接收探头。这两种仪器通常都组合了微电阻率测井仪和井径仪。

  解释

  介电常数的变化主要是由于地层含水量的变化造成的。地层中的水可能是冲洗带的钻井液滤液、原生水、二种水的混合或者是泥岩中的束缚水。由于探测范围浅，我们假定仪器测量的是冲洗带地层。

  可以用与密度测井类似的加权平均公式来计算电磁波在地层中的传播。

$$\gamma = \phi \, \gamma_f + (1-\phi) \, \gamma_{ma}$$

式中　γ ——电磁波在地层中的传播；

　　　γ_f ——孔隙空间内的孔隙流体的电磁波传播；

　　　γ_{ma} ——骨架的电磁波传播。

介电常数测量的解释程序有好几种，它们都需要依靠计算机来完成。仪器读值必须对几何传播和散射等不同现象进行校正。所有的解释方法能得到类似的结果。计算出的视孔隙度主要是测量出的含水孔隙度。通过将介电常数孔隙度或 ϕ_{dc} 和中子密度交会得到的总孔隙度进行比较，可以快速估算出冲洗带的含水饱和度。在纯水层（S_w=100%）ϕ_{dc} 与交会孔隙度 ϕ_{xp} 的值相同。在含油气地层，交会孔隙度将大于介

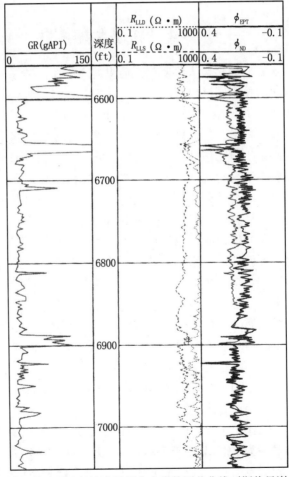

图 9-8　用于评价南美的淡水储层介电常数测井曲线（斯伦贝谢公司提供）

电常数孔隙度。

在图 9-8 中，电磁波传播测井（EPT）组合了自然伽马、双侧向、中子和密度测井。在这口南美的井中，产层是淡水地层。电阻率测井对确定油水界面方面几乎没有帮助。但是，通过对 EPT 孔隙度和中子密度交会孔隙度进行比较，油水界面很明显在 6850ft 处。EPT 只能读出含水孔隙度，而不是含油孔隙度。在油水界面 6850ft 以下，含水饱和度是 100%，EPT 和交会孔隙度相同。

在先进的计算机处理解释中，介电常数孔隙度可用于计算可动油气量，确定准确的冲洗带含水饱和度 S_{xo}，更好地评价岩性和黏土类型。

9.4 核磁共振测井

我们大多数人都听说过磁共振 MRI，或与医学有关的磁共振成像。相同的技术同样也可以用于石油工业，只不过外形更小。这种技术最初叫核磁共振或 NMR，术语 NMR 和 MRI 常常可以互换。NMR 从 1960 年开始试用，但取得的成功很有限。这项技术吸引人的地方在于它有希望测量出自由流体指数（FFI），它是可动流体部分。这些年 NMR 测井仪器不断得到改进，今天的技术可以测量含流体的孔隙度，有时候还可以测定与岩性无关的总孔隙度。所用的几种仪器不尽相同，不同测井公司的设计有所不同，但都使用相同的物理测量。

测井使用的核磁共振，指的是地层对外加磁场的响应。我们从高中物理课就知道，原子核（主要是质子）受到磁场的影响。磁场中原子核的表现与重力场中的陀螺类似。强磁力使得质子按磁场方向排列。如果给第一个磁场施加另一个与它呈直角的磁场，然后将磁场移开，由于进动机制质子会企图按原磁场重新排列。当他们进动时，质子会发射出可测量的信号。氢原子能产生相当大的信号，而地层中其他元素产生的信号很小。幸运的是，地层流体中含有丰富的氢。通过调整测井仪器的频率，使它和氢的共振频率相同，就能够得到一个与地层孔隙度成比例的与岩性无关的测量值。

仪器使用永久的被称为 B_0 的强磁场来改变氢质子在磁场中的排列。发射探头发射出射频磁场脉冲，使氢质子倾斜 90°角。过一段时间后，再施加与第一个脉冲呈 180°的另一个磁场能量脉冲，导致质子自旋或进动。以相等的间隔施加每隔 180°反相的几百个进动脉冲。质子进动或产生自旋回波时会产生一个可被仪器回路测量到的信号。信号最初的幅度指示地层流体体积。信号幅度相对于时间的衰减率被称为横向弛豫时间 T_2，衰减率越快（时间越短），渗透率越低。

图 9-9 显示了砂岩的 T_2 分布特征。首先出现的是黏土束缚水信号，然后是毛细管束缚水（不可动水），最后是可动流体信号。代表 CMR 自由流体孔隙度的截止值在图中以垂直虚线表示，它具有随意性，因所钻遇的地层而变化。并不是所有的仪器都能测出黏土束缚水部分。在测量周期中黏土束缚水部分信号出现得很早而且信号很弱。

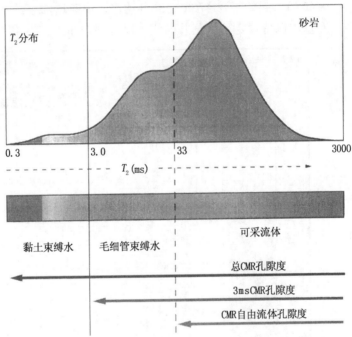

图 9-9　含流体的砂岩地层中不同部分的 MRI T_2 弛豫时间
的分布（斯伦贝谢公司提供）

解释

T_2 谱的分布特征与孔隙大小有关。孔隙越小，渗透率越低，在 T_2 谱上出现得越早。因为黏土颗粒很细，孔隙很小，黏土有相对高的孔隙度，但渗透率接近于 0。黏土中的水由于没有渗透率而不能流动。黏土束缚水本质上是 V_{sh} 中的水。束缚水（BVW_{wi}）是地层中由于毛管作用吸附于砂岩中的水，这种水由于孔隙太小不能自由运动。孔隙度中自由流体部分具有大孔隙的特征，这部分流体可以自由流动而且可被产出。

把所有的流体部分加在一起，就是总孔隙度。如果我们减去黏土束缚水部分，就是有效孔隙度。这些孔隙度可以不依赖于岩性而得到。T_2谱中通过T_2截止值来确定不同的区域，这个截止值在一定程度上因地层不同而不同。另外，通过NMR孔隙度和T_2曲线可以计算渗透率。

如图9–10所示，左边第1道为自然伽马曲线和井径曲线。T_2谱的波形图也显示在第1道其余部分。在深度道右边，余下的测井曲线被分成三道，第2道是对数刻度的双侧向测井电阻率和渗透率，第3道是中子、密度和MRI孔隙度，第4道是总体积分析。目的层起始深度为×468ft，起始于×476ft处的可动水，快速增加了约6ft后，一直到井底基本保持稳定。从测井曲线可以看到，如果在×474ft以下射孔会油

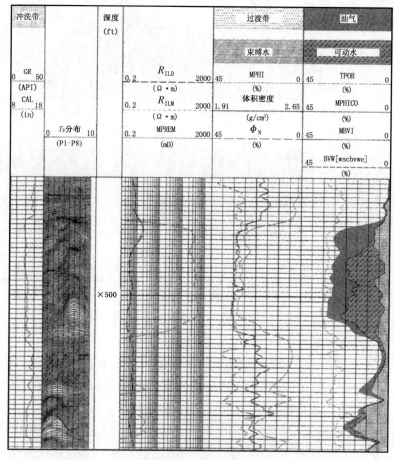

图9–10　结合常规裸眼测井曲线MRI解释曲线
显示了油水界面（斯伦贝谢公司提供）

水同出，在该层顶部 6ft 内射孔会出纯油，一定要注意到第二道显示的整个层的渗透率很高。

　　我们已经研究了几种计算机处理解释。它们是地层电阻率、密度、中子孔隙度、自然伽马和井径曲线的解释。通过解释我们可以得到含水饱和度，有效孔隙度和简单的岩性。这也是今天仍然最常用的解释，几乎完钻的每口井都要完成这样的解释——用计算机或是人工。

　　我们研究了用两种新的测井方法，根据新的测井曲线而不依赖于传统的测量方法计算孔隙度和含水饱和度。但是，测井曲线能带给我们更多的信息。在第 10 章里，我们将研究一些特殊的测井方法，并且可以学到能收集何种信息。

10 含水饱和度以外的方法

电法测井，即最早的测井方法，用于区分产层和非产层。最初，由于它们是全新的技术而且对它们的响应以及工作原理知之甚少，只能对测井曲线做定性评价。自那时起，石油界和测井公司的实验室都耗费了大量的人力、物力对此进行研究。研究的目的是研发新的和更好的方法来评价地层——特别是含油的储层。最初，研究的方向是确定孔隙度，油气含量和岩性。随着新的探测器的发展和功能强大的便携式计算机的出现，测井信息量呈天文数字扩展。在这一章里，我们将研究其他一些测井方法，用于增进我们对地下地层的了解。

10.1 现场地震技术

钻预探井时，井位的确定是建立在大量的地震工作的基础上的。地震图能反映可能有利于圈闭油气的构造。地震工作费钱耗时，但如果资料更加有用又更加准确的话，收益是巨大的。

通过沿地震测线网格布置的检波器可采集数据。一个强的能量脉冲（从前用炸药，现在通常采用空气枪或可控震源发射声波）沿地球表面传播后进入地层。当地震波在地层中传播遇到地层类型发生变化时，会产生反射。通常一些能量被反射回地面，而另一些能量会向地层更深处传播，在那里仍会产生反射。数据处理中心可获得按时间记录的反射到地面检波器中的能量信息。

由于同时使用了大量的检波器，因而在每个炮眼或能量脉冲上可采集大量的数据（图 10-1）。通过对不同反射模式和反射时间的解释，地震学家（专门从事地震解释的地质家）能做出潜伏在地下深处的地质构造的构造图。

校验炮

完成钻井与测井工作后，建立测井数据与地震数据间的关系会使地震数据更有价值。把以英尺或米为单位的深度域数据转换为以毫秒为单位的时间域数据可完成这个工作。最准确的转换方法是建立声波测井数据与校验炮数据间的关系。

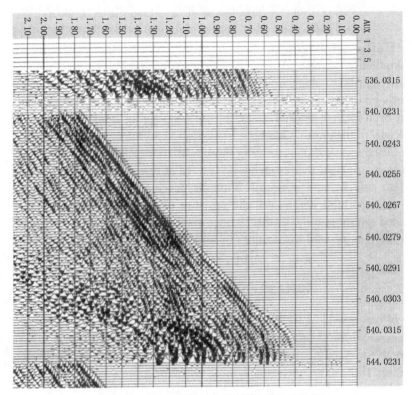

图 10-1　地震采样记录（斯伦贝谢公司提供）
地质家通过对各种各样的合理反射的解释来发现油气圈闭

通过计算机完成声波测井旅行时间从测井起始深度到测深（TD）的转换。结果是在深度输出道中以毫秒为单位用时间进行标度。如果在不同深度完成了几次不同的测井，连接所有已转换的时间可得到从地面到测深的总单程旅行时间。

为了得到校验炮，测井公司会根据地层的变化在预先设定的深度放置地震检波器。图 10-2 显示了校验炮的一个标准配置（也称为井中速度测量）。一个空气枪或可控震源为检波器提供能量脉冲。在每个层可采集到不同的数据。检波器测量到的时间从空气枪的点火开始到第一个波至，这称为单程旅行时。

图 10-2 中，检波器安置在 A、B、C、D 四点上。在每一层，第一个波至由波形的第一个行程来表示。通过将声波时间与地震单程旅行时间相比较，可生成一条被称为零漂曲线的校正曲线。零漂曲线在每个重要的地层界面都会发生变化。将声波转换时间与地震单程旅行时间建立

关系可得到一条地震时—深曲线。它可完成附近区域比如下一口井位地震数据的深度刻度。这个数据也能用于确定风化层厚度和完成地震数据中风化层的校正。

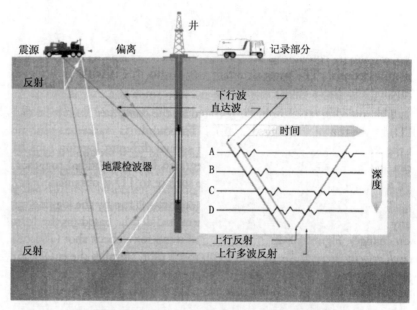

图 10-2　地震校验炮和 VSP 的标准配制图（哈里伯顿公司提供）
校验炮只能用直达波，VSP 测量既可用直达波又可用反射波

正如图 10-2 所示，声波在较深地层中也能产生反射。这些反射波出现在图中右侧，被称为"上行反射"。在后面章节讨论垂直地震测井（VSP）时要用到这些反射。

$$Z_a = \rho v$$

式中　Z_a——波阻抗；

　　　ρ——地层密度；

　　　v——声速（声波时差的倒数）。

根据密度和声波测井可得到地层的密度和声速。因此，我们能在地层每次变化时计算其声阻抗。根据声波反射系数 R 可计算出两个地层层界面间反射的能量：

$$R_{1,2} = (Z_{a1} - Z_{a2}) / (Z_{a1} + Z_{a2})$$

式中　$R_{1,2}$——层 1 和层 2 界面的反射系数；

　　　Z_{a1}——层 1 波阻抗；

Z_{a2}——层 2 波阻抗。

波阻抗的对比可确定每个地层层面反射能量的大小,这很容易通过计算机完成连续计算。通过引入人为的和理想的声波子波并结合不同的反射系数,可以做出合成地震记录。在使用声波和密度信息之前,先进行几种环境校正。由此得出的观点对地震专家很有用,而普通人对此兴趣不大。

纵向地震剖面

常规地面地震只能测量上行反射波或波列,但 VSP 的地震检波器既可测量上行波列,也可测量下行波列。图 10-3 是井中记录的地震测量。图右的深度较浅,深度向左逐渐增加。零时间(能量脉冲时间)在图的顶端。时间向下逐渐增加。大量的测量取自 50 个点或更深的点。计算机可区分出上行波和下行波列。这种信息可以用于研究波列随深度的变化。另外,由于波列只穿过一次从而减小了风化层(未被压实的地面最表层)的影响。下行信号是从声源穿过地层到达地震检波器的直达波。上行波从声源穿过地层,然后又反射回地震检波器。

VSP 有以下几个优点:

(1)记录的是真实的地震信号,而不是合成信号,使得与地面地震数据的对比更有意义。

(2)测井曲线和地面地震数据的对比更加准确。

(3)可记录地面地震中看不清的深反射。

(4)可以解释断层和其他井旁地层特征。

(5)可以确定地面地震处理的反褶积因子。

通常,VSP 测井时声源就在井眼附近。这使得初至波传播到达井中地震探测器的距离最小。如果声源距离太远的话,到达时间必须校正到真实的垂直深度(TVD)。但是,声源距离井越远,可以得到更多有关构造附近的信息。

VSP 测井有几种方法。首先,在某一固定距离放置一固定声源,称为井源距。地震检波器在井中不同深度进行测量。在有利条件下,在距井源距 1/2 范围,可横向探测到地层特征。这种测量类型称为非零井源距 VSP。另一种技术是变井源距 VSP。这种测量系统,在记录数据时逐渐移动声源。地震检波器通常放在同一个深度,如果井眼条件允许,可以使用一组 50 个或更多的地震检波器。在套管中通常使用这种方法,以免地震检波器组件卡在井中,非零井源距 VSP 或变井源距 VSP 经常用于确定盐丘的存在以及盐丘的距离。

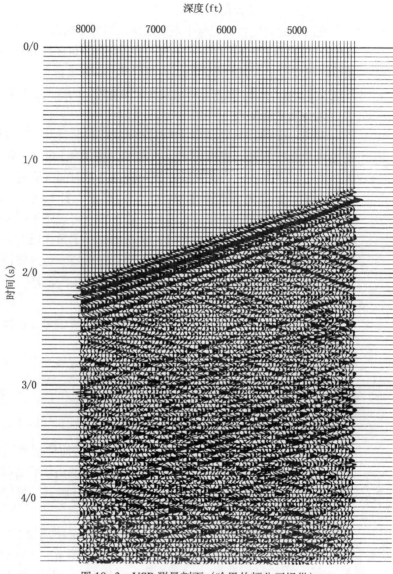

图 10-3　VSP 测量剖面（哈里伯顿公司提供）
这个信息改善了对地面地震测量的解释

10.2　确 定 倾 角

地质学最基本的原则之一就是：沉积岩或地层在湖底、海底、洋底通常是水平沉积的。因此，储层岩石的原始倾角为 0。但是，这种情况很少存在。由于地质作用例如风化作用、构造地质作用（地壳内导致沉降、造山、地震等的力），水平地层会倾斜，断开并受到挤压与侵蚀。原来水平的地层形成了圈闭（阻止油气向地表面运移的构造）。如果我们能识别这种构造，就能采用合适的方式开发油田。例如，我们可以在最合适的地点选择准确的钻井井位。

　　通过测量地层倾角（地层与水平面的夹角）和走向（指示地层倾斜方向），我们可以推断出地层运动到现在位置的大部分过程。另外，倾角信息有助于确定油藏圈闭类型和钻下一口井的最可能的井位。根据地层倾角信息，我们能确定许多参数，这些参数有助于地质学家和工程师确定如何开发油田。

　　计算地层倾角需要大量的信息。记得高中几何学课学过，不在同一直线上的任意三点确定一个平面。如果能测量：（1）不同三个点的地层深度（例如高电阻率值）；（2）三点之间的距离；（3）井眼直径。我们可以用简单的几何关系式计算视倾角。

　　进行测量时，四个微电阻率极板（而不是三个）需要贴井壁，如图10-4所示。将这些极板测量到的曲线进行互相关对比，以测量每对曲线间的距离（1-2，1-3，2-3等）。同时记录井径曲线（图10-5）。为了确定地层倾角的走向和方位，在仪器的1号极板上装有一个罗盘，在测量的时候可以测定极板面向哪个方向。根据这些信息，我们可以计算

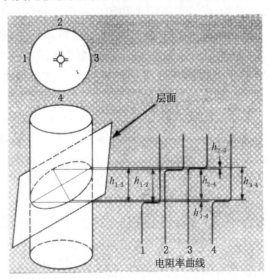

图 10-4　地层倾角的测量原理（斯伦贝谢公司提供）
注意过井眼与平面相交时相应的距离

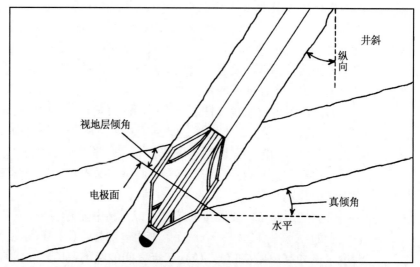

图 10-5　地层倾角测量的几何形态（斯伦贝谢公司提供）
注意地层视倾角与真倾角间的关系

倾角和倾向。

地层倾角的计算最好在直井中完成，不幸的是，很少遇到这种情况。我们必须用倾角仪器中的摆锤和罗盘，测量出井眼偏离垂线的角度（叫做井斜角或井斜角度）以及井斜方位（井眼方位角）。根据这些信息，我们可以校正视倾角和倾向，得到倾角和走向的真值。

老的地层倾角仪至少需要三个臂。如果其中一个极板不能紧贴井壁或测量值不正确，就没有足够的信息计算出地层倾角。四极板时，如果所有极板都和地层接触良好，每次用 3 个极板可以计算出四个倾角。

现在用的大多数仪器都有 4 个或 6 个安装在单个铰接臂上的极板。一些四臂仪器的每个极板上有两个电极，这意味着可以记录多达 8 条相关曲线。既然计算倾角只需 3 条曲线，因此测量值中有大量的冗余。这些冗余曲线使得倾角信息可以进行统计处理。另外，每个极板有 2 个电极，可以探测到非常细微的地层信息。计算出的地层倾角除了能显示构造倾角外，还能探测出交错层理或者砂岩搬运方向等地层特征。

计算机可以处理大量的倾角计算并具有多解性。由于构造变化较缓，构造倾角处理时需要的点子相对较少。对于地层倾角，必须用 8 或 6 条相关曲线的特殊倾角测量仪，大量的相关曲线使工程师可以计算出更多的倾角。这对探测地层中微小的变化是必要的。

图 10-6 显示的是构造倾角，由于画出的数据有一个大"头"和小"尾巴"，看起来很像蝌蚪，通常称为蝌蚪图。蝌蚪图是显示地层倾角的一种形式。在图中地层倾角可大到 90°，箭头（蝌蚪）的头表示地层倾角的方向，扇状图给出了一个总体方向。由于数据显示很详细，我们不仅可以发现如背斜、断层、或不整合等大的特征，而且还可以发现例如砂岩搬运和交错层理等微细特征。地质学家可以做出精细的图并根据这些信息更有信心地确定下一口井的位置。

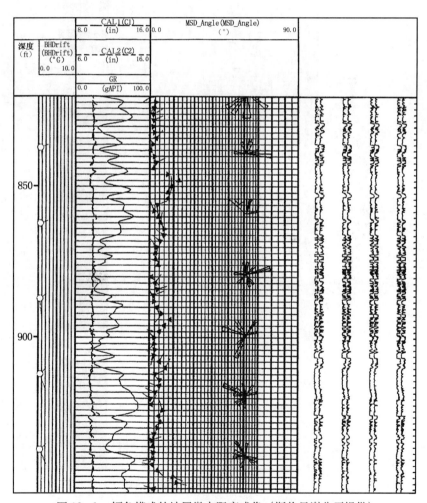

图 10-6　倾角模式的地层微电阻率成像（斯伦贝谢公司提供）

蝌蚪图是表示倾角数据的一种方法。图中向右表示倾角增加，箭头（蝌蚪）代表了倾向、扇状图给出了总体方向

图 10-7 是一段地层倾角测井曲线处理图。注意数据量的增加和可选的信息显示形式。特别要注意图或成像，即井中标为 Stratim 的那一列成像。

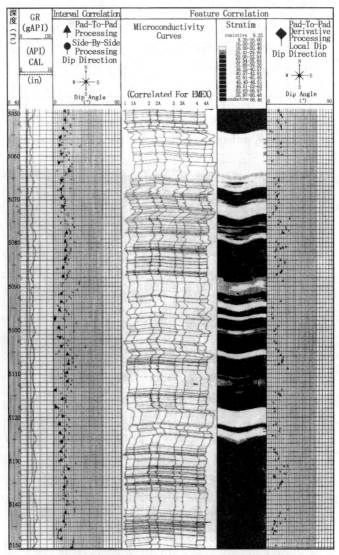

图 10-7   双臂地层倾角处理曲线（斯伦贝谢公司提供）

成像测井

由于计算机的计算能力日益强大，测井最新进展之一是成像测井以及产生成像的仪器。所有大测井公司都有成像仪，它是早期地层倾角仪器的换代产品。最早的成像仪器之一实际上是地层倾角仪，它的组合极板上既有两个地层倾角电极也有一个由约 30 个小电极组成的电极阵列。尽管成像仪的井壁覆盖率只有 20%，或者取决于井眼直径，斯伦贝谢公司仍在使用这种微电阻率扫描仪（FMS）。

现在用的许多成像仪仍然采用地层倾角仪的架构，在 4 到 8 个极板上安装了大量的微电阻率探测器，这取决于特定的仪器设计（图 10-8）。测量时，安装在极板上的探测器紧贴井壁。极板能覆盖绝大部分井壁地层，这取决于井眼直径。探测器输出的电阻率以颜色深浅程度表示，高电阻率比低电阻率的颜色更亮更浅。当所有电极并排出现时，能呈现出令人惊异的井眼图像来。

图 10-8　同时组合了声波和电阻率测量的成像仪 (STAR)，它能对
地层进行更精细的成像（贝克阿特拉斯公司提供）

图 10-9 是贝克阿特拉斯公司 STAR（声波和电阻率同时测量）成像仪测量的一段测井曲线。左道显示计算出的倾角在 70°～80° 之间。在中间道以彩色图像显示的是每个极板实际测量的电阻率。电阻率极板不能探测到所有的井眼表面。右道是声波成像，除了能很清楚地显示图

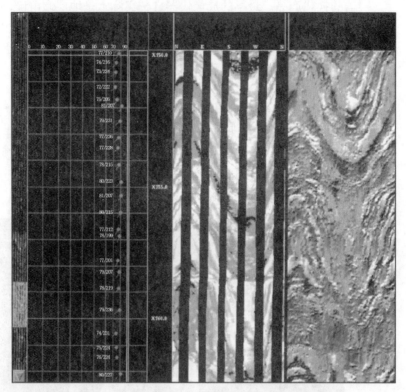

图 10-9　STAR 成像测井显示出了高陡地层的地层倾角
（贝克阿特拉斯公司提供）

像并补充电阻率成像外，在声成像图上还可清晰地见到孔洞、裂缝或交错层理等小的特征。这些成像在井场能实时可见。它带给了我们研究裂缝和次生孔隙度的第一手资料。在井场也可计算构造倾角。

在计算机中心用工作站可进行更加精细的解释。在这里，可计算出地层和构造倾角并与成像资料进行比较。成像图的深度比例可以放大。有经验的分析家与石油公司地质家共同解释和精细描述各种地质特征。注意图 10-10 中放大的深度比例和测井曲线描述的信息量。

声成像仪采用旋转换能器，对井眼进行 360°扫描。其优点是能更完全地覆盖井壁地层。这种仪器的例子有哈里伯顿的井周声波扫描仪（CAST-V）和斯伦贝谢的井下电视仪（BTT）。贝克阿特拉斯公司的 STAR 是声波和电阻率组合测井仪。由于它以倾角仪为基础，声成像仪的主要用途是裂缝识别、薄层识别、次生孔隙度确定、可能的构造及地层倾角计算等。另外，声波仪器还可用于套管井水泥胶结情况评价和套

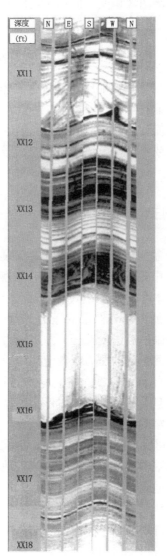

图 10-10   工作站上完成的微电阻率成像测井
(EMI) 解释 (哈里伯顿公司提供)

管自身检测, 第 11 章将讨论这个内容。

成像显示越来越普及, 而且它的用途已扩展到其他测井仪器中。其中一种仪器测量离井眼不同距离的 12 个深探测电阻率。这些测量值能有助于研究地层非均质性、薄层含水饱和度、裂缝及其发育方向。这些图像可在井场看到, 它们的颜色随电阻率不同而变化。这种图像与微成像测井仪所测图像相似，但不如它精细。

10.3　地层测试

地层测试是获得地层及其所含流体信息的重要来源。通常，岩心用于确定或验证孔隙度、渗透率、岩性、流体类型和饱和度，地层测试用于确定地层流动能力、地层压力和地层流体类型。将仪器通过钻杆（钻杆测试器）或电缆（电缆式地层测试器）下入井中，可以完成地层测试测量。

10.3.1　钻杆测试

钻杆中途测试（DST）通过由裸眼封隔器和阀（图 10-11）组成的测试仪在井中完成。如果封隔器在被测试地层之上时，井下阀被打开，以便井中流体可以通过钻杆流到地面。钻杆通常含有一定液垫，但不满。

地层中的流体与储层的压力一致。当仪器打开，流体从岩石中流出，流入井眼然后进入钻杆。井下压力表和记录仪会始终记录压力。在流动过程中测量到的压力叫做流动压力。流体流过一段由工程师设置的时间后，关闭测试仪或关井。这个过程中测量到的最大压力叫关井压力。仪器一旦关闭，井中流体停止流动，压力开始从流动压力恢复到油藏压力。通常的做法是，打开测试仪，流体流动一段时间后关闭，经过 2 倍流动时间后再打开测试仪，然后再关闭。

裸眼封隔器阻止了钻井液柱流入地层并且通过钻杆开辟了地层流体流入地表的通道。

一旦流体到达地面，通常进入分离器。气体和液体被测量后，装入罐中。如果井中流体不能流到地面，钻井工人在起出管柱时能注意到液面的增加。他可以通过统计井架上堆放的管子数来测量液面。

压力与时间关系图叫做压力恢复曲线（图 10-12）。分析这种曲线可有助于工程师计算油藏渗透率、压力及地层损害情况。

DST 也有自身的缺点，它们经常需要很长时间因而占用了宝贵的钻机时间。特别是与电缆式地层测试相比，它们的成本也很高。在下列情况下，它们也得不到明确的结果。

（1）如果流体无法产出，可能是封隔器的设置不对或者是地层损害的问题（黏土膨胀）。

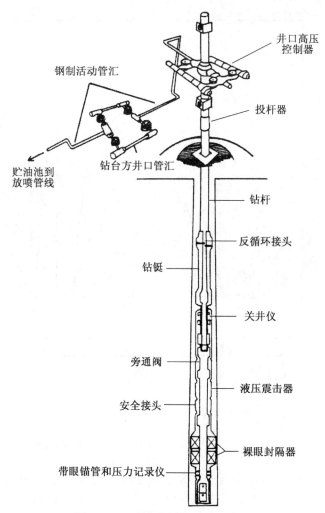

图 10-11　钻杆测试仪器的示意图

（2）如果只产出钻井液滤液，那么很可能是侵入太深。这个层应该有产能或是水层。

（3）如果只产出钻井液，可能是封隔器与地层封闭不严。

（4）如果测试井段过长，对准油气层的位置可能比较困难。

10.3.2　电缆式地层测试器

地层测试也可由电缆仪器完成。电缆测试器的原理很简单，对着要测试的地层，下入一个空的采样室或罐。采样室内有一个控制阀开关，

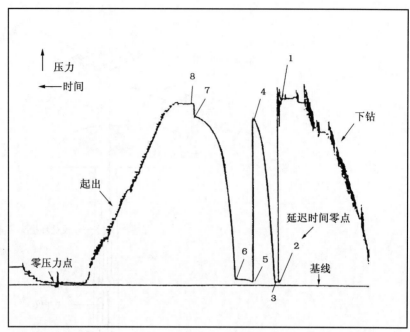

解释	标记点	压力(psi)	延迟时间(min)
静水钻井液	1	3592	-2.5
起始流动	2	18	5.5
结束流动和起始关井	3	23	3.6
结束关井	4	3215	37.2
起始流动	5	19	36.7
结束流动和起始关井	6	81	61.1
结束关井	7	3252	121.9
静水钻井液	8	3497	126.9

图 10-12　压力恢复曲线

它位于橡胶极板的中间,紧贴着井壁并封住井内钻井液,阀门打开之后,流体流入(图 10-13),仪器内的压力表测量出流动压力。当采样室充满后,压力上升直到恢复油藏压力。然后关闭仪器,封隔受损的地层,仪器被拉回地面。测量和分析采样室内的物质,用压力恢复曲线计算渗透率和油藏压力。

现在大部分仪器都能因形成封闭的需要或仅仅为了测量压力而进行重新设置。流体通常流过压入地层的金属探针或流管。在低渗透性地层或怀疑有裂缝的地层,用双封隔器隔绝一段几英尺长的地层,这使得流动面积增大并且更有可能采集到流体样本。在仪器启出井眼之前,通常只进行一次或二次取样。

由于样本太小,电缆地层测试器的作用有限。另外,由探针测量到的渗透率非常接近地层渗透率。这或许不能代表较深地层的条件。但不

图 10-13 电缆地层测试器
其封隔器在延长的位置，采样室附接在仪器底部

管怎么说，当需要测试几个地层时，需要测量油藏压力（例如检查枯竭油藏），或当渗透率很高，采样室可能装得很满时，电缆地层测试的价值就很大。当采样室完全装满时，可以得到估算出产液类型和渗透率的值。

10.4 地层取心

如果井眼条件不太恶劣，地层取心是一个评价岩石性能比如泥质含量、泥质类型、孔隙度、颗粒密度、岩性、残余油饱和度和渗透率的常规方法。这与医生采用活检精确确定病因类似，取过心的地层仍然是与测井响应对比的基准。

岩心是钻头钻遇目的层时取出的。由于不知道地层的准确深度，通常钻工钻入地层 1 ～ 2ft。钻工也可以通过钻速曲线的变化确定地层的上界面，这叫做钻进突变。钻井液录井人员通过检测钻井液中的岩屑来验证是否打到目的层。从井中取出钻杆和钻头后就可启动取心仪了。

　　带有环形钻头的空取心桶挂接在钻柱末端。取心桶是用于帮助保留地层流体的橡皮状的套筒，还有一个阻止岩心从取心桶滑落的机械装置。有些取心桶是为在油藏压力下获取岩心和流体而设计的，但这很昂贵，需做特殊处理，一般不使用。在取心 10 ~ 30ft 后，从井中拉出仪器并打开，通常在井场就可从取心桶中取出岩心。岩心经过检查后贴上标签，进行粗查并完成一些简单的试验，然后把岩心装箱运到岩心试验室做更多的分析。对岩心做的分析与常规取心分析一样，可以确定孔隙度、岩性、颗粒密度、黏土含量和含烃量。

　　除常规取心外，通过测井电缆挂接的仪器可从井壁获得小岩心。这种有 50 年历史的老方法是通过操作员在选择的深度向地层发射空心的子弹。这些取心弹可通过连接在井壁取心器上的小电缆进行回收。岩心直径为 3/4 ~ 1in，长达 $1\frac{1}{2}$in。通常一次可取 30 颗或更多的岩心。到达地面后，从取心弹中取出岩心，放在样品盒中并贴上标签。井场地质人员或工程师通常会立刻进行粗查，然后送到实验室做进一步的分析。

　　用电缆取心的一种新方法是用小的旋转取心仪从井壁上切割一点岩心（图 10-14）。空心的钻杆从地层采集了一块岩样。由地面控制操作

图 10-14　旋转式井壁取心仪器（RSCT）
（哈里伯顿公司提供）

采集过程。一次可以取 30 颗以上直径为 1in，长为 1³/₄in 的岩心。切割岩心的主要优点是没有冲击伤害如断裂，这与射入地层的取心不同。在岩心被取出、确认并贴上标签后会送到实验室进行分析。

与常规取心相比，电缆取心有特定的优点：

（1）取心的间隔可以在看到测井曲线后决定。

（2）深度控制相当准确。

（3）可以从分布范围很广的地层中获取大量的岩心。

（4）如果漏取一颗岩心可以再取，而常规取心只能一次完成。

（5）与常规取心相比，成本要小得多。

10.5 随 钻 测 井

20 世纪末石油工业经历了极度兼并时期。石油和气的价格很低。为了赢利，钻井和开发活动必须尽可能保持收支平衡。水平井和其他大斜度钻井方案便是追逐更多效益和产量的结果。但是，大斜度井给测井工业带来许多明显的问题。

第一个问题就像一句谚语："你不可能推动绳子。"电缆上的测井仪器，不能到达水平井的底部，一旦井眼斜角超过 60°，摩擦力超过重力，仪器就会停止，大斜度井已经在海上和其他地方运行多年。测井技术已经发展，但还不能总是尽如人意。测井仪器经常被卡在井中。测井项目被迫削减，只能取得比期望值少的测井信息。

从 20 世纪 80 年代开始，出现了与钻杆结合进行测井的测井系统。过去几年进展迅速，有了更好的数据传送系统，可以进行更多的测量。最基本的随钻测量（MWD）系统是一套仪器，主要由一组导向仪器模块组成。这套系统可控制钻头朝着目的层的方向，还可提供井斜数据，获得常规测井方法能得到的测井数据：中子和密度孔隙度、电阻率、声波幅度、钻压、井眼方位和井斜角。

数据通过钻井液柱以脉冲形式传到地面。脉冲在地面解码并在工作站上显示。如果需要的话，此信息可以通过电话线传回基地办公室。

MWD 的一个主要优势是无论井况如何都能获得地层信息。在勘探钻井中，例如海上，有时一口井的主要目的是测井信息。在复杂井眼条件和飓风的环境下 MWD 系统都能测井。

10.6 用空气钻井的测井方法

在某些地区，钻井时用空气而不是钻井液作为循环液。当地层压力低，岩层致密（低孔隙度），并且没有水的情况下，这种方法可行。用空气钻井通常比用钻井液钻井速更快，也很便宜。但是，缺少导电钻井液排除了一些需要导电流体的测井项目，例如微电阻率测井、自然电位测井、侧向测井和补偿中子测井。

这种井的测井系列是感应测井（由于没有侵入，只需测一种电阻率）、补偿密度孔隙度测井、超热中子测井，通常还有井温和噪声测井。

10.6.1 超热中子测井

除了探测的是高能超热中子外，超热中子测井与普通中子测井相似。与密度仪一样，它的源和探测器安装在贴井壁的滑板上。与补偿中子仪不同，由于它可以在空气中测量视孔隙度，因此这种测井方法可用于空气钻井的测井中。

10.6.2 井温测井

井温测井是随仪器下放到井底（而不是上提测量时），测量井眼内空气或天然气的温度变化。温度通常会随井深而增加；但是当地层内的天然气进入井眼时，由于绝热膨胀导致的冷缺效应使得温度降低（在第12章有详细阐述）。工程师对温度异常降低很有兴趣，因为它表明有气流入。一旦井眼温度稳定，井温测井通常先测。

10.6.3 噪声测井

噪声测井实质上是一个扩音器，它放大了井内探测到的一切噪音和声响，并记录下声音的频率。在最佳条件下，根据频率可以确定从地层流入井眼的流体类型如天然气或流体。

10.7 钻杆传送测井

有时候，把常规测井仪器下放到井底是不可能的。其原因可能是黏土膨胀阻塞了井眼，出现键槽（井筒内的台阶），也包括钻井液性能差，循环漏失层或高压气层的存在。不管什么原因就是得不到常规裸眼井测井资料。在这种情况下，只有两种选择：不测井直接下套管（然后在套管内用孔隙度仪器测量）或尽可能的进行过钻杆测井。通常，地质师和钻井技术人员都会决定使用过钻杆测井。

钻杆传送测井是一项技术而不是一种仪器。首先，把钻杆下放到裸眼井井底（没有钻头）。钻杆穿过阻碍，然后用卡瓦吊在钻台上。测井电缆装配好后，仪器穿过钻管到达井底，测井就可以像通常那样进行了。

在仪器下放井底和上提仪器时记录测井曲线同样重要。最差的情形是，下放测井就可达到目的。当然，可得到的测井曲线是那些满足过钻杆尺寸的测井曲线。

表 10–1　过钻杆测井仪

测井仪器	直径（in）	测 量 参 数
感应	$2^3/_4$	电阻率
密度	$2^3/_4$	孔隙度
补偿中子	$2^3/_4$	孔隙度
声波	$1^{11}/_{16}$	温度（译者注：原文如此）
温度	$1^{11}/_{16}$	对比值，岩性
热中子衰减仪	$1^{11}/_{16}$	孔隙度，光电吸收截面 Σ

这些测井仪器受限于各种可得到的测量参数，常常是测量值的组合。电阻率测量通常是一条深感应测井曲线和短电位曲线。尽管密度测井仪器可补偿泥饼，但它没有岩性曲线（光电吸收截面）或井径曲线。热中子衰减仪通常用于套管井但也可用在裸眼井中。

11 完井测井

一旦找到了产层做出完井决定后，在油、气或者金钱开始滚滚涌来之前仍然必须解决许多问题。例如，如何将产层与水层和低压层隔离开？另外，井壁必须进行防垮塌、防掉块处理以免阻碍井中流体流动。不可能像老式钻工一样，花很长时间来寻找井眼所需的坚固的衬管，它们称之为套管。

18 世纪末，套管首次用于油井。第一根套管是木制的，像木桶一样用钢环加固。钢制套管代替木套管的时间并不长，但优点很明显：钢套管更耐用，它很容易连得很长，而且它也很容易得到。然而，钢套管很重并且在井中不得不加以支撑。如果它得不到支撑会滑到井底阻塞产层（从前，在下套管射孔前，套管悬挂在产层之上————一种裸眼完井）。另外，仅仅有套管不能隔离井中不同的层，还需要更多的东西。

E.P. 哈里伯顿于 1920 年在美国俄克拉何马州发明了油井固井工艺，从而解决了地层隔离和支撑问题。虽然他的固井技术和水泥本身经过了多年改进，但通过在套管和井眼之间充填水泥来隔离地层和支撑套管的理念与今天仍然相同。

11.1 套管胶结

作出完井的决定后，就下套管。这只是一项复杂作业的开始。首先，再次将钻杆下入井中，使井眼达到下套管要求的条件。这通常意味着，循环钻井液到所需要的位置并达到一定的条件，井壁尽可能稳定，没有垮塌或形成砂桥的迹象。下一步，从井中起出钻杆，放到管架上。一次抬起套管的一端，丈量，通过接箍（稍微大一点的管子，每端有母螺纹）或将一段套管吊在套管卡瓦上（是一种固定套管接头，从钻台吊起套管的机械装置）与接头连接。这个过程要持续到所有需要的套管都下到井中为止。在事先确定的井段，把套管扶正器和（或）刮管器连接在套管外帮助隔离特定的地层。

在套管柱的底部是套管鞋，套管鞋是一个 2 ~ 3ft 长的牛头形（圆的）接头（特别的一节短套管）。在套管下入井筒时，它帮助套管脱离支架或穿过障碍。套管鞋内有一个叫做底座的机械控制，它接受或安置底塞。在固井作业后期要用到底塞。

一旦套管下到适当的位置，再次循环钻井液清洗井眼。在固井之前注入前置液通常是酸洗液，清洗地层表面的泥饼，然后注入水泥。油田用的水泥叫做"净水泥"因为它所含的是波特兰水泥和水（凝结物包括砂子、砾石、波特兰水泥和水）。水泥和水的混合物叫做"水泥浆"。加入各种化学物质以改变水泥浆的性能——混合物的比重、失水量、候凝时间（或加速或延迟）等等。水泥混合物通常很复杂，需要在水泥工厂的实验室进行设计以满足特定井的需求。

水泥和前置液通过套管鞋被注入套管并返回地面。混入适量的水泥后，水泥开始在套管底产生作用，在套管中压入底塞，紧接着顶替钻井液。底塞将顶替液与水泥分离，并阻止钻井液流出套管，损害固井工作。套管胶结通常不会一直延续到地面，仅仅只会针对产层，还有一些可能出问题的地层，比如含水地层或低压漏失层（压力低于邻井的高透率地层，通常叫做漏失层，因为它们"偷走了"产量，油气流入漏失层而不是流向地面。）

11.1.1　两级固井作业

有时候井内产层相距很远。如果距离太远，两级固井会更经济些。如果固井作业是两级作业，第二级接头插入上一个层下面的套管柱内。在第二级接头内有一个滑阀、循环孔，以及不同直径的加工坐封面。

这种固井作业使用了 3 个不同直径的胶塞。第一个胶塞穿过接头时不用打开循环孔。这使得第一级固井的水泥被压出套管鞋。在一级固井过程中循环孔始终关闭。一级固井完成后，压入底塞，从地面投入一个打开的炮弹塞或固井塞（根据其形状固井塞过去被叫做炮弹。一个固井公司的研制人员因试图在飞机上运送"炮弹"而被捕后，这个名字就改成了固井塞——故事大概就是这样）。

胶塞坐封于二级接头的底部，碰压时滑动的循环孔打开，将水泥再次循环到地面。与一级固井一样注入水泥，但是计算出的体积不同。泵压顶塞，顶替第二级钻井液，第三个胶塞坐封在第二级胶塞的顶部并封住套管。

套管内憋压确保所有胶塞都坐封好直到水泥凝固。水泥凝固 24 ~ 48 小时后，用钻杆和钻头在套管鞋顶清洗套管。

11.1.2　测量水泥体积

注入水泥的过程实质是一个测量过程，套管内的流体体积即为套管长度 × 套管横截面积（体积 = 长度 × 面积）。根据井径曲线、套管尺寸、需要封固段的高度可计算出要注入的水泥量。水泥在注入井内的过程中会不断混合。

注入水泥的体积与那段套管体积相同。钻井泵在每个冲程都会校准体积。为了注入不同的体积，钻井工程师只需要统计泵冲程数并在正确的时间打开合适的阀。这听起来很简单，理论上的确如此。但是，我们都知道，下列情况下无论哪一步错了，它都会出问题。泵可能出现故障，人在疲劳时可能会出现计算错误，在关键时刻供水泵可能断水，或者地层会出人意料地出现裂缝。无论什么原因，水泥顶替有时并不理想。

在下面的章节里，通过与裸眼井测井曲线对比，我们会研究套管井测井曲线的标准层，评价地层封隔、水泥胶结情况，确定井内流速和产出类型，检测套管腐蚀和点蚀情况，评价地层孔隙度、含水饱和度和岩性。

11.2　测井曲线相关对比

地层深度是用电缆测井获得的最重要的测量数据之一。裸眼井测井测得的地层深度是一个基准。裸眼井测井的地层深度可用于所有的深度对比和校正。这一点很明显，但也很重要。如同爱因斯坦之于时间，尼采之于道德，所有一切都是相对的。钻工从钻井录井可得到一组深度，同一个地层，钻井液录井记录的深度会略有不同。裸眼井测井又得到第三组深度，套管井测井的深度无疑与以上都不同。哪一个深度是准确的？实际答案是哪一个都行。我们只要选择其中一个并固定使用即可。

通常，每个深度误差在几英尺内，但那不够精确。电缆公司宣称精度是 10000ft 内 3ft。3ft 的数是完全准确。深度测量的重复误差更少一些，大约 6in 或更少。也就是说，同样的电缆在同一口井测量的深度误差应在 6in 内。随后的测井曲线的深度误差也应在 6in 内或更少。

即使是不同的测井车，不同的测井公司，重复误差应在预计之中。

如果斯伦贝谢测裸眼井，哈里伯顿测套管井，彼此间所有地层的深度误差应在 6in 内。如果斯伦贝谢公司测套管井，哈里伯顿公司或者第三方测井公司测套管井，也应一样。通过这次测井与下一次测井对比，我们可以获得这种准确度。

裸眼井测完后，地层深度指的是显示在测井曲线的深度。如果产层深度是 10350 ~ 10352ft，我们必须确保射的是这 2ft 地层而不是别的 5ft 或 10ft 地层。深度控制是关键，深度必须准确。射孔位置出错需要花费几千美元修补。如果错误永远发现不了，漏掉的产层可能就要花掉成千上万甚至上百万美元。很明显将套管测井深度校正到裸眼测井深度至关重要。这样的话，我们如何确保套管测井深度和裸眼测井深度一致呢？

钢套管对所有的常规测井方法都有影响。钢套管导电，这种特性有效地削弱了任何电阻率信号，因此在套管内侧向测井、感应测井、电法测井的测量失效。然而，大部分放射性测量只是强度减弱，不会消失也不会完全被阻隔。由于我们通常在裸眼井内测量自然伽马和中子，这样的话，将其中一条或全部用来完成裸眼测井和套管测井的深度对比就很有意义了。

通常选择 GR 用于地层对比，GR 曲线会有许多变化，从高值变到低值，再变回来，这种特性让我们很容易拿套管井测 GR 与裸眼井测 GR 比较，完成精确的深度对比。如果 GR 曲线缺少精确对比的特征，我们也常用中子伽马曲线。在这种情况下，我们将裸眼井和套管井中子伽马曲线进行对比，以便得到匹配的深度。

伽马曲线 / 磁定位测井

每次在套管内测井，我们必须准确校正到裸眼井测井的深度。在完井和其后的井周期内要进行多次电缆测井。一种准确的深度校正办法是每次测井时都测自然伽马曲线。但是，伽马仪器相对易坏，因此必须慢速测量。如果自然伽马与套管特征如接箍有相关性，那么就可以加速测井以节省宝贵的钻机时间。

套管接箍连接套管的接口，具有恒定磁场和导电线圈的仪器可以探测到接箍。磁定位仪器很结实，它没有可动部件，不需要外部电源，而且相当可靠，是套管井理想稳定的测井项目。用磁定位（CCL）结合自然伽马仪器，我们可在裸眼井曲线和容易且快速探测的套管特征间建立关系。

GR/CCL 仪器测量套管内的天然放射性，同时记录每个套管接箍的深度。然后套管井 GR 与裸眼井 GR 对比，在裸眼井曲线上可标出套管接箍的深度，为套管井曲线提供容易找到的固定的参考点。例如，目的层顶深为 8356ft，是接箍深度 8329ft 以下 27ft。

套管的长度常常是不一致的，从 38 ~ 42ft 不等。当测 GR/CCL 时，套管接箍间的长度是不能错的。例如，产层附近接箍间的长度是 40ft、38.5ft、40.5ft、40ft、40ft、37.5ft 和 39ft，一组接箍长度大多如此，很容易做出正确的对比。但是，今天计算机控制的套管制造厂制成的一节套管一致为 40ft。现在，一组接箍长度是 40ft、40ft、40.5ft、40ft、40ft 和 40.5ft，在这种情况下，不可能确保对比正确，因为接箍之间的长度不是唯一的。

有时，在井口上一定距离外有可能有一固定短节——例如，二级接头——或者操作员准备了一特殊的短节—通过将常规 40ft 的接头一切为二，并在切口处再次车削螺纹。一旦完成对比那深度就绝对可靠，这些短节可以在套管柱上检测出来，仪器慢慢下放到目的层时统计下面接箍的个数。有了这些短节和相同的套管长度，也就减少了出错机会。尽管短节是事先设计的还有点贵，但它们能加快工作效率并不用担心校深。

如果没有套管短节，也没有用于对比的接头，套管井测井工程师无法完成作业。他必须把测井仪器和取心枪起出井眼，再下 GR 仪器作对比。如果套管内没有可靠的标记，每次下井都必须用 GR 仪器。套管井的任何错误代价都很高昂，有的甚至不可能弥补。

11.3　水泥胶结测井

水泥能隔离地层，层间隔离有什么意义？如何知道固井作业已经实现了地层隔离？哪些情况下或哪些问题会导致不尽完美的固井作业？有时候通过研究测井曲线可提供这些问题的答案。

由于流体在套管和地层间流动，层间隔离意味着一个地层和另一个地层无法连通。水泥阻止流体在套管和地层间向上或向下流动。胶结使得套管和地层间形成水压密封。另外，它阻止了注入流体（比如酸或压裂处理液）在套管后向上或向下流入井眼。在某种意义上，层间隔离取决于井的具体情况。如果一口井没得到高压处理，只需要地层生产压降，那么水泥胶结就不如受到重视时那样好。

水泥胶结测井（CBL）是为层间隔离问题提供正确答案的首批尝试

方法之一。CBL 仪器通常是裸眼井声波测井仪的改进。最简单的形式是 CBL 采用了一个发射探头和两个接收探头（图 11-1）。发射探头发射的声波能量脉冲向各个方向传播——穿过套管、水泥和地层。一些声波能量反射回两个接收探头。

上部接收探头接收的第一个声波能量（初至波）来自套管。图 11-1 上的振荡信号代表了声波能量，仪器内的电路系统测量初至波的时间和振幅（单位为 mV）。第一个正信号用 E_1 表示，第一个负信号用 E_2 表示，第二个正信号用 E_3 表示，以此类推。E_1 波的振幅是套管直径、套管厚度、水泥抗压强度、与水泥胶结套管圆周的百分比和 E_0 振幅的函数。CBL 测量的是声波沿套管传播时声能的衰减，它可指示水泥和套管的胶结效果。

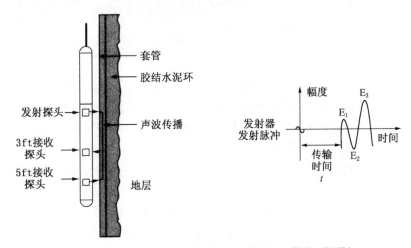

图 11-1　水泥胶结测井仪的简化图（斯伦贝谢公司提供）
通过测量 E_1 幅度的衰减评价水泥胶结情况

由于套管外的水泥使得套管内声波衰减的概念有点难领会。想象一下轻轻敲击一下悬挂在空气中的钟的情形。金属自由振荡，钟声响起。如果你把手放在钟上再敲它，钟仍然会响，但响声不如以前洪亮，声音衰减了。如果用厚厚的水泥包住钟，再次敲击它，只剩下敲击声，振荡几乎全部衰减了。

除了 E_1 振幅曲线，CBL 仪还有第 3 道记录（图 11-2）的全波形。这种图像叫微震波图（MSG，哈里伯顿公司叫法）或声波变密度测井（VDL，斯伦贝谢公司叫法）。MSG 或 VDL 用正的波形（黑色）或负的波形（白色）显示。VDL 和 MSG 通常都用 5ft 接收探头记录（为

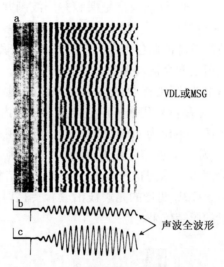

图 11-2　5ft 接收探头接收的声能全波形
（Welex 提供）

简单起见，VDL 包括 MSG。如果这两种测量有根本区别的话，会加以说明）。VDL 图像定性指示出水泥和地层的胶结质量。地层波至强，表明 VDL 的变化与地层变化相关，意味着水泥和地层胶结好。如果 VDL 显示强的平行的黑白条纹，第 2 道中 E_1 振幅高，指示是没有水泥的自由套管。为了获得高质量的层间隔离，水泥必须和套管、地层都胶结好。

由图 11-3 可以看到，GR/CCL/CBL/MSG 曲线（记住：MSG 与 VDL 一样，只是仪器不同）。GR 曲线用于与裸眼井曲线对比，CCL（磁定位）用于将 GR 和套管接箍建立相关关系，CBL/MSG 用于评价水泥胶结情况。看一下测井曲线图底部的 MSG（第 3 道），将波幅与 GR 对比。也可以看到幅度曲线（第 2 道）在整段都相当低。地层中部最大值是 5 ~ 7mV，在其他深度大约是 1mV。（通常在产层读值轻微增加。这可能是由于气侵入水泥造成的）。低幅度和强的地层波至表明水泥胶结好。

T2 和 T3 间的水泥胶结图也显示这一段的水泥胶结情况。看一下 T1 的套管接箍，×760ft、×714ft 和 ×688ft 处显示有接箍。接箍 1 和接箍 2 的距离是 46ft，接箍 2 和接箍 3 间的距离是 26ft。短节对将来的测井深度控制也非常有用。

现在看一看测井曲线的顶部，幅度大约是 70mV，MSG 有一些强

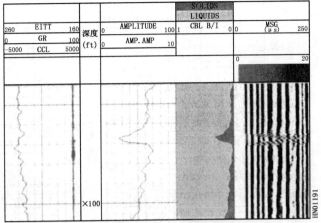

a. 注意第2道中MSG与GR曲线的对比

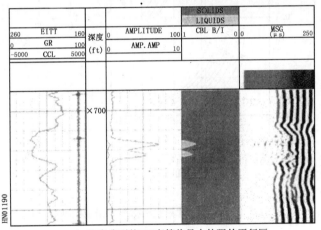

b. 注意典型的MSG套管信号中的强的平行区

图 11-3　CBL 胶结好 / 差的实例（哈里伯顿公司提供）

的早到的波至，不随 GR 或深度而变化，这意味着水泥胶结差或无水泥。

11.3.1　解决问题的实例

图 11-4 是水泥胶结定量解释的诺模图，我们可以通过评价套管周长胶结程度的百分比实现。周长胶结百分比通常用 BI（胶结指数）表示。使用图 11-4 还需要以下信息：套管厚度、水泥抗压强度、套管尺

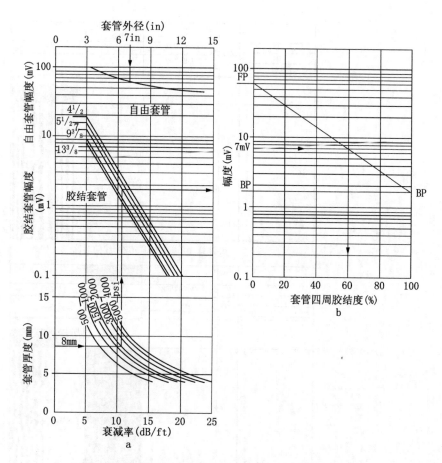

图 11-4　计算胶结指数的诺模图（斯伦贝谢公司提供）

寸、CBL 自由套管幅度（未胶结层）、目的层 CBL 幅度。

　　首先，在诺模图的左上角确定套管外径，然后向下做一条垂线与自由套管曲线相交，从这个交点向右画一条水平线到 CBL 幅度线。如果你按照图中的示例，现在就在 FP 点。将此点标记为 FP 点，（如果套管外径是 6in 而不是 7in，FP 点就在 70mV 上，而不是例中的 60mV。如果你在解释一口井，就用那口井的套管尺寸）。

　　接着，在诺模图的左下角找到套管厚度，你能获得这个信息，再从水泥供应商提供的水泥说明书上找到水泥抗压强度。在我们的例子中，套管厚度是 5/16in，水泥抗压强度是 2000psi。过套管厚度与合适的水泥抗压强度的交点做一条水平线，然后从这个交会点做一条垂线与套管尺寸线相交，再从这个交点向右做一条水平线与 CBL 幅度线相交，将这条线延长与 100% 线相交，将这个交点标为 BP 即已胶结的套管。在这个例子中，如果做的一切都对的话，这个点已经标识出来了，用直线连接 BP 和 FP，现在已经刻度过图版可以解释井了。

为了用诺模图评价地层，读出目的层的 CBL 幅度。假设是 7mV，在诺模图上找到 CBL 幅度为 7mV 的点，过此点做一水平线与刻度的 FP/BP 线相交。过这个交点做垂线与套管胶结周长线相交。在这个例子中，我们得到的数据是 60% 或 BI=0.6。当手工解释时，我们通常读几英尺内的平均数，直到读数有重大变化。我们对此层做一次计算，并在胶结测井的拷贝图上标出结果。现在，当然了，计算机可以完成所有的计算并为我们一步一步地做出胶结指数曲线。

经验显示，好的固井所需的套管长度是套管尺寸的函数。换句话说，套管直径越大需要胶结好的长度越长。图 11-5 说明了 BI 等于 0.8 时套管尺寸与最小胶结长度的关系，或者说，大多数情况下实现层间隔离胶结长度必需大于的值。例如，根据图 11-5，为确保层间隔离，$5\frac{1}{2}$in 的套管在 BI ≥ 0.8 时需要胶结 5ft 长的井段，7in 套管在 BI ≥ 0.8 时需要胶结近 10ft 长的井段。

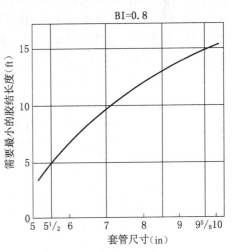

图 11-5　用于计算层间隔离所需胶结长度的诺模图（斯伦贝谢公司提供）

11.3.2　影响 CBL 解释的情况

拥有或缺乏设计好的具抗压强度的水泥是影响水泥胶结测井 E_1 幅度的主要因素。但是，还有一些其他因素也影响 CBL 的解释：水泥环空、气侵、套管和水泥间的水泥环微间隙，薄的水泥环或快速地层波至。

水泥环空：几种情况可以导致水泥环空。最常见的原因是套管偏心。这意味着套管和地层间的空间不均匀，经常是套管只一边接触地层。在这种情况下，水泥不能完全环绕套管。在套管和地层间会有一边环空。(这种环空是不可能修复的)。解决这种问题就是要事先预防：用3～4ft长的篮式机械设备（扶正器）使套管居中，扶正器安装在套管外，在目的层之上或之下使用。

另一个导致环空的原因是在水泥凝固或修补前地层流体流动。如果用于冲洗钻井液和清洁地层表面的前置液的比重不够大，不能阻止地层流体，这种情况也会发生环空，这种类型的环空，流体流入环空内。流体或流到地面或转向吸入流体的低压层环空出现在 CBL 幅度的高值。VDL 图像可以显示套管波和地层波同时到达。

水泥气侵：通常情况下，水泥的渗透率是 0.001mD（毫达西），实际上也就是 0 或者说流体和气体都不能透过。但是，随着水泥向地层内失水并开始凝固，水泥的孔隙压力降低。在高压气层，由于水泥孔隙压力降低，气体侵入水泥，气体侵入水泥叫做水泥气侵。水泥气侵时渗透率约为 5mD。虽然水泥依然在力学上支撑套管，但是气体可以运移。水泥气侵在 E_1 幅度曲线上难以识别，VDL 图像可能显示受冲蚀或呈灰色。

水泥环微间隙：水泥环微间隙是套管和固结水泥间的非常小的间隔，它通常太小了（0.002～0.004in），以至于液体不能流动。有时候，在固井后或固井期间，由于机械问题或井眼条件需要憋压，如果憋压直到水泥凝固，就会形成水泥环微间隙。另一个导致水泥环微间隙的原因是用大密度钻井液顶替水泥，当钻井液被比重小的完井液例如盐水顶替后，静水压力差也会导致水泥环微间隙。水泥环微间隙可在套管碰压或释放压力时的任何时间产生。套管井钻杆测试和固井修复作业也可导致水泥环微间隙。

层间隔离和套管支持同样会产生水泥环微间隙。问题是如何识别和解释水泥环微间隙。CBL 的幅度曲线会显示高值——经常是接近自由套管的读值。VDL 通常会出现强的套管波和地层波。在怀疑出现水泥环微间隙时，正确的程序是对套管施压并重新测井。没有必要重新施加导致水泥环微间隙时的相同压力，唯一必要的是证实水泥环微间隙的存在。如果 E_1 的幅度减小了，在 VDL 图上套管波强度降低，可以证实水泥环微间隙存在，但胶结仍然很好（合适）。

薄水泥环：如果水泥环厚度小于 3/4in，水泥不能很好地降低套管的振动，幅度曲线读值仍很高。裸眼井的井径曲线显示地层有厚泥饼而且裸眼井直径比套管尺寸小于 $1^1/_2$in 时，这种条件下需怀疑薄水泥环的存在。通常，裸眼井尺寸比套管尺寸大 2in 或更多。

快速地层波：低孔隙度，高密度的地层例如灰岩和白云岩，声波速度比钢快。钢的传播时间是 56μs/ft。零孔隙度石灰岩的传播时间是 49μs/ft，白云岩是 44μs/ft，快速地层的声能要比套管信号早到达水泥胶结测井仪的接收探头。这种情况只在套管胶结好的情况下发生，否则，快速地层信号会被套管和地层间的流体吸收。

快速地层信号通常容易被识别，传播时间曲线（第 1 道）记录的值会比自由套管低。在这种情况下，幅度曲线值无效，数值或高或低。解释的时候，不考虑快速地层的幅度曲线。VDL 图像显示快地层信号比套管波到达早和强，证实水泥胶结好（套管波信号显示在测井曲线的自由套管处）。另外，在研究裸眼井孔隙度曲线后，可预测出快速地层波。

11.3.3　脉冲回声测井仪

CBL/VDL 的解释复杂还带点主观性。在 20 世纪 80 年代中期，引入了另一种固井评价测量——哈里伯顿公司的脉冲回声测井仪（PET）和他的竞争对手贝克阿特拉斯公司的分区水泥胶结测井仪及斯伦贝谢公司的固井评价仪。

声能沿垂直于套管轴的方向传播，由于水泥和套管的剪切耦合导致声能衰减，可测量出衰减幅度。测井仪器发射出超高频声能脉冲（大约 250～260kHz），与套管厚度的共振频率相同。套管以与长轴呈直角的方式振动。信号的振动是流体（指的是仪器和套管间的钻井液或盐水）、套管、套管和地层间的物质（流体或水泥）的声阻抗的函数。

套管振动以衰减速度指数的形式递减，以指数形式衰减的变化来源于套管和地层间物质的声阻抗变化（在测量过程中，套管内的流体和套管本身是不变的）。未胶结套管的内外都是盐水，套管振动时间相对较长且衰减速度很慢。如果套管外有水泥，振动迅速减弱，衰减速度很快，其响应差是水泥声阻抗的函数。

PET 有 8 个换能器，以螺旋形式排列在仪器上，因此每 45° 可记录一个读数。仪器居中在套管内，每个换能器到套管的距离相同。另外，第 9 个换能器用于测量套管内流体的声阻抗（套管内流体密度和成分经常有变化，如果不予考虑会造成解释失误。）

图 11-6 是 GR/CCL/CBL/VDL（位于左边）和 SBT 测井曲线对比

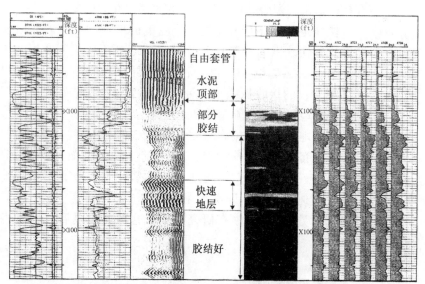

图 11-6　CBL 和 SBT 测井曲线对比图（贝克阿特拉斯公司提供）

图（右边）。SBT 测井曲线的右道显示的是 6 个换能器中每个幅度的输出曲线。深度道的左边是水泥图。这个例子中，水泥胶结一直很好，一直延续到顶部大约 ×100ft 处。对比 CBL 和 SBT，注意两种仪器在不同地层的响应：自由套管、部分胶结、快速地层、胶结好。

　　SBT 的优势是不受微间隙的影响，其主要缺点是套管表面覆盖率不能达 100%。下一代仪器超声固井评价仪已经解决覆盖率不足的问题。

11.3.4　超声水泥评价测井仪

　　新的水泥评价测井仪与 PET 的测量原理相同，但是他们已经通过一个旋转换能器而不是 6 个或 8 个固定换能器解决了覆盖范围不稳的问题。旋转换能器能 100% 覆盖套管表面，其覆盖面广而且记录也很详细，因而既能用于套管检测也能用于固井评价。不同尺寸的套管需要的换能器也不一样。仪器测量有不同的模式，这取决于用户的需要——固井评价还是套管检测。哈里伯顿公司的仪器是井周声波扫描仪 CAST-V™，斯伦贝谢公司相同的仪器叫超声成像仪 USI™。

　　图 11-7 是一段 USI 测井曲线，在固井图上可以看到明显的环空（图右），也显示了套管厚度和套管内径 / 外径。注意图中显示的环空。

超声水泥评价的真正优势是实现了 CBL/VDL 的组合测量。计算机结合两种测量的数据，能区分出气侵胶结、水泥环空、套管地层环中的重钻井液、强胶结、快速地层信号、微空隙或薄水泥环。现场可进行这种计算并产生一条测井解释曲线——用颜色深浅指示各种可能的固井成像。现场曲线还包括用于相关对比的 GR/CCL 测井，套管直径和厚度曲线以及用于评价地层胶结的 VDL 波幅，这些测井仪可组合在一起一次下井完成测量。

图 11-8 是 CBL/VDL 和 CAST—V 的组合测井曲线。通过组合两种测井曲线的信息，可识别出气侵胶结和套管后的大密度钻井液。第 1 道是仪器偏心、仪器旋转、套管椭圆度、套管厚度平均值、极小值、极大值；第 2 道是 CBL 幅度曲线；第 3 道是 MSG；第 4 道是 CBL 胶结指

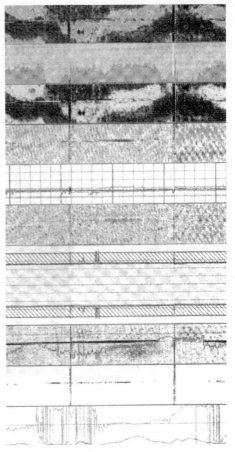

图 11-7　覆盖全井眼的超声成像
（斯伦贝谢公司提供）

数曲线和超声测量确定的平均水泥波阻抗；第 5 道是用颜色指示的胶结图像，黑或深棕色指示胶结好，白色或浅蓝色指示含水部分。在这个例子中，×125 ～ ×145ft 是环空部分。

11.4　补　注　水　泥

当水泥胶结不能实现层间隔离时，经常需要一些形式的水泥补救工作。胶结不好的定义是灵活的。例如，高压地层需要的水泥胶结程度比部分枯竭的油层要高。又例如，需要水力压裂的地层也需要极好的胶结。水泥胶结评价测井有助于确定固井作业是否需要改善。

补注水泥作业叫做挤压作业，大多数挤压作业的过程都是相似的。

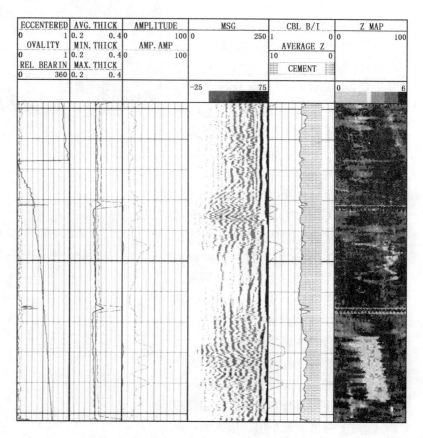

图 11-8　CBL/VDL 和 CAST—V 的测井曲线
组合（哈里伯顿公司提供）

　　把钻杆或油管的工作管柱下入井中，在要挤水泥的地层上部坐封一个可回收的封隔器，在封隔器下入井眼之前或下入射孔枪之后，在套管上射4 到 8 个孔。如果可能的话，冲洗所射的孔洞或流体流入井眼清洗射孔碎片。接下来，确定泵入压力，水泥泵入油管，穿过所射的孔洞。水泥的去向决定了挤水泥的工作进展是否顺利。

　　最简单的挤压作业是在水泥返高不足的情况下进行。在当前水泥返高之上对套管射孔，然后向上循环至地面。如果能够循环，按计算出的量将水泥泵入井眼，用顶塞分离出水泥和顶替液，这种类型的挤水泥通常都很成功。

　　如果不能循环，必须加入前置液以便泵入水泥。流体被压入最软地层后被抽走，为水泥留出空间。固井允许流体流入地层。泵压增加表明可停止泵入。下入封隔器，泵出水泥。如果破碎地层离目的层有一定距离，补注水泥的效果就好。但是，如果破碎地层是产层，那么补注水泥会极大地损害地层。

最常见的补注水泥类型是"分段挤水泥"。在分段补注过程中，目的层本身胶结不好，但是目的层上下常常胶结很好。图 11-9 是"分段挤水泥"的一个很好的例子。首次固井后，层 A 和层 B 胶结不够好，决定对这两层补注水泥。修补部分（右边）显示修补结果相当好，但不是所有的补注水泥工作都这么成功。

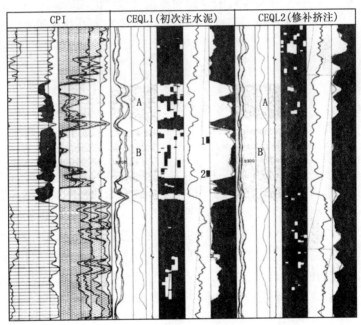

图 11-9　补注水泥前后的固井评价（斯伦贝谢公司提供）

为了完成分段挤水泥，对上面区域射孔，然后将大约 50 袋水泥挤入射孔处。通常，泵压超过地层破裂压力，水泥被挤入地层。这样做常常使自然裂缝凝结，反过来会影响地层的渗透性。

出现水泥环空时，可以尝试进行少量低压的挤水泥。射孔仍然像上述一样进行。如果可能的话，孔眼应该能流动。水泥随前置液流入，迫使水泥环空中的液体进入地层。当水泥充填入水泥环空时压力突然增加。关泵，保持井内的压力随后慢慢释放。通常只需要几袋水泥。这种技术是一种靠技巧而不是强制压入的技术，但效果相当好。

在水泥气侵的情况下，没有很多工作可做。水泥气侵允许气体沿套管运移，但注入液不能进入套管和地层间的环空。象固井遇到的大多数问题一样，预防是最好的解决办法。可以使用阻止气体渗入水泥的外加剂，井中无论何时出现高压气层都应该加外加剂。

预防是解决所有水泥胶结问题最好的办法。

认真仔细的设计与施工可避免大多数补挤水泥作业。

(1) 井眼条件应一直很好。

(2) 目的层附近使用扶正器和刮管器。

(3) 套管在胶结过程中应往复运动（上、下移动）。

(4) 保持设计的泵速使流型与设计的相同。

如果严格遵循这些因素，就很少需要补注水泥了。

11.5　产层射孔

射孔时只测 GR 或 CCL。产层射孔超出了本书范围，那么这里只需简单地熟悉一些术语。射孔显然很重要，因为它可以让油或气流入井筒进而开始流入市场。

现在，几乎所有的射孔都是由聚能射孔弹爆炸完成。该技术的来历故事是这样的，这项技术是那些造火药棉的人无意发现的。验尸官注意到死者的前额上印有字母"US"，并推测可能是装棉花的袋子带过来的。接下来的进展是别的验尸官注意到死者受伤的头上有铜屑，死者是在雷管上造小坑的人。到第二次世界大战时，科学进展到可以在钢铁上打孔了。这项技术用于火箭筒绕行穿透坦克的盔甲。第二次世界大战后，Welex 将这项技术用于油井套管射孔。尽管射孔弹的使用已经有很大进步，但它们的原理都是相同的。

图 11-10 显示的是在设计新型射孔弹时需要考虑的因素。聚能射孔弹由一个外壳，一个锥形炸药和一个聚能罩组成。壳体的质量使得射孔弹依惯性运动，因此，大部分能量向与壳体相反的方向释放。当然，炸药提供了能量。圆锥的角度对射孔弹的性能至关重要。药形罩通常由锌或钛等其他重金属和铜组成。铜受爆炸产生的热量影响而破碎。当射孔弹发射时，铜的重量增加了热的气体喷射流的质量。喷射流和破碎的金属穿过钢制套管，留下一个光滑的圆形井眼。聚能射孔弹也穿过水泥和地层，有利于地层流体的开采。

射孔弹通常装在空的钢制托筒内，这种设备叫射孔枪。炸药通过电点火引燃雷管。雷管引爆一系列连接射孔弹的导爆索串。测井公司操作

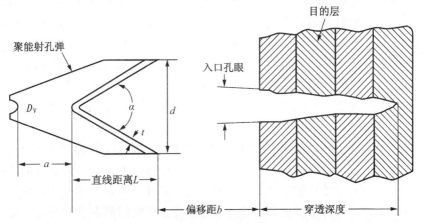

图 11-10　用于套管射孔的聚能射孔弹，在设计新弹时应考虑的因素
（斯伦贝谢公司提供）

射孔枪的人都经受过高级培训，且有极高的安全意识。在爆炸设备连接
到电缆之前，必须使用多种安全设施和遵守多种安全规则。

　　主要有三种射孔完井类型（图 11-11）：一种是电缆输送套管射孔
器（图 11-11a），其静水压力大于地层压力；另一种是电缆输送过油管
射孔器（图 11-11b），其静水压力小于地层压力；还有一种是油管传输
射孔器（图 11-11c），其静水压力小于地层压力。

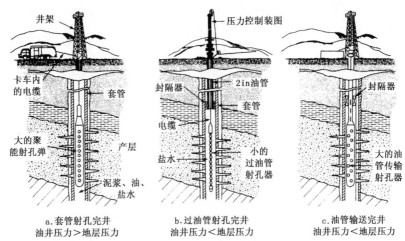

图 11-11　射孔完井的三种类型（斯伦贝谢公司提供）

　　在油管下入井中之前，用套管射孔器射穿套管。对一给定的套管，
套管尺寸决定了套管射孔器使用射孔弹的最大尺寸。例如：$7\frac{5}{8}$in 套管

可用 5in 的套管射孔器，但这就没有了安全使用射孔器的空间。其他套管射孔器的尺寸通常为 4in 或 $3^3/_8$in。这样的尺寸可用更多和更具威力的炸药。射孔密度为每英尺 4 孔，射孔相角通常为 60°～ 90°。

过油管射孔器的尺寸通常与油管内径相符，为 $2^1/_2$in 或 2in。射孔器的外径为 $2^1/_8$in 或 $1^{11}/_{16}$in。很明显射孔弹的尺寸越小，其穿透能力就越小。射孔密度为 4ft 与套管射孔器相同。过油管射孔器射孔时孔眼都在同一平面上，叫做"零相位"。

油管输送射孔枪，实际上是通过油管将套管射孔器下入井眼。通常它只在特殊条件下使用比如大斜度井（或水平井）或者射孔井段很长且钻井时间很宝贵的情况下。海上钻井通常会出现这些情况。

一项安全准则是按顺序工作。任何时候在套管内进行射孔，会产生地层压力与地表连通的结果。无论何时打开射孔孔眼，使用电缆压力控制设备都很有必要。

一口井已经进行了钻井、测井、下套管、固井、测套管井，并且已经射孔。那么现在我们就能安心坐下并看着现金滚滚而来了，对吗？对，也许。在第 12 章，我们将研究一些在生产或注水中可能出现的问题。幸运的是，根据电缆测井曲线和仪器可以发现与研究许多问题或出现问题的条件，有时甚至是可以解决的。

12　单井和油藏检测

在本章中，我们将研究生产井（或注水井）与一些根据电缆测井仪可以评价或修补的问题。大部分这些问题与管材、套管和油管有关，其他问题与油藏自身有关。我们将研究一些新技术，这些新技术涉及大斜度井的生产评价，还有油田注水监测或其他二次或三次采油工程。随着油价上涨和储量递减，提高产量的一些高深的技术越来越可行。幸运的是，测井行业与时俱进，可以用许多创新技术来满足油公司对更多信息量的需求。

12.1　生产测井

井的类型只有两种：生产井和注水井。生产井是用来挣钱的，油或气流入油罐或输油管。注水井通常是为二次或三次采油工程向储层注入流体。生产测井（PL）通常可在动态条件下（生产和注水同时进行）的任何类型的井中进行。

生产测井的几种测量覆盖所有生产阶段，有助于评价生产和注水问题。重要的是要知道产液从何而来，注入液又流向何方。生产测井可以获得这些信息。

生产井是生产测井最适合的服务对象（生产测井主要是测量生产井）。在进行复杂又费钱的完井时，完井后立刻进行一系列生产测井或许很有用。这些测井曲线可以显示哪些层在生产，每个层的产量是多少，产出的是油、气、水，还是三者的混合体。这就好比你的医疗档案中的 EKG 基线。这样一种记录很有用，它能表明井是否在按预期生产还是发生了机械故障。但是，通常情况是等问题发生之后才进行生产井测井。

12.2　生产井常出现的问题

生产工程师基于测井曲线将最初的结果与预期的结果，或与邻井同一地层的产量进行比较。如果产出与预计的一致，那么都好。如果不一致，就要做进一步研究。产量的突然变化例如油井中水或气的突然增加，产量的突然减少，套管与油管间环空压力增加，都表明井下有问题需要研究。

通常由主管这口井的生产工程师开始进行研究。首先，确定问题来源。一般情况下，问题有无产量，产量比预期的低，或产出的流体类型（水或气）与预期的不一致。其次，把所有井的信息重新研究一下——钻井数据、钻井液录井记录、裸眼井测井资料、水泥胶结评价测井、射孔记录、测试结果，还有被认为与问题有关的其他数据。第三，任何其他信息，如获取信息的方法与获取信息有关的因素都要考虑。根据生产测井提供的足够信息可判别出问题的原因，决策者必须认同此结果。另外，解决预期存在的问题的方法要经济，风险要低。一旦完成了对所有信息的评价，一个决策和实施方案就产生了。

在我们讨论生产测井测量结果和如何应用之前，先来看一看生产井通常遇到的问题。

12.2.1　层间窜流

当两个油藏压力不同的地层连通之后，生产井常见的问题是层间窜流。产液并没有流向地面，而是被"漏失层""偷走"了。层间窜流可以发生在两个或更多的射孔层之间的套管里，也可以发生在射孔孔眼和套管或封隔器之间，流体向低压层渗漏。如果流动发生在套管外，那是来自水泥环空或地层的天然裂缝中。

水泥环空使得不需要的流体比如水或气进入产层射孔处。在注水井中，环空使得水充满了非目的层。环空可延伸几百英尺，使地层与相距很远并认为有问题的层连通起来。

12.2.2　过早见水

注水开发中的一个严峻问题是注水前缘的过早见水。如果打开多套地层或地层间隔很厚（15ft 或更多），由于渗透率的不同可使得注入水迅速流过一段地层或地层的一部分。一旦见水，就会很快阻止产油，产水量会急剧增加。早点认识这个问题可采取相应对策。

12.2.3　机械故障

在生产井和注水井中可能出现许多机械故障（图12-1）。由于腐蚀引起套管渗漏会使得不需要的水进入。封隔器也会渗漏，使得套管与油管环空内产生压力。如果封隔器以上的套管有个洞（或许是以前射孔造成的非产层），就会产生漏失层。水在劣质水泥塞附近渗出。射孔位置可能不到位——过高、过低或射孔位置完全错误。可能是射孔枪未发射或射孔孔眼根本没形成，这种情况就发生了。

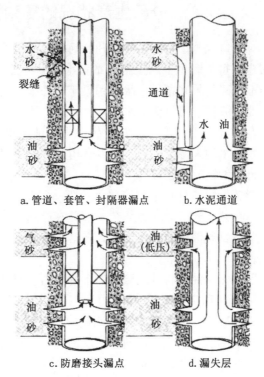

a.管道、套管、封隔器漏点　　b.水泥通道

c.防磨接头漏点　　d.漏失层

图12-1　生产井和开发井遇到的常见机械问题（斯伦贝谢公司提供）

12.2.4　产量过低

产量过低不是明显的问题。裸眼井测井曲线显示有产能的层，产量可能比预想得低。在钻井或完井过程中，渗透率可能会受到损害。让生产井的产量达到预期值，通常需要采取液压处理措施如酸化和压裂。

需要识别下列任一或全部问题的信息是相同的：

（1）流体吸入或流出点的位置在哪里或井段是多少？

（2）每个流体吸入或流出点流体的流速是多少？

（3）每个流体吸入点的流体或混合物的类型是什么？

（4）每个井段内流入井眼的流体来源于哪？

生产测井试图解答这个问题，"产量是多少？产液是什么？产液来自哪？"听起来很简单，但实际上不是。让我们看一看这一过程多么复杂，使得产能分析更接近火箭分析，而不像水管工的工作。

12.3　分析生产状况的复杂性

对一口水井，解决生产测井的问题很简单。在地面可以用每小时多少加仑或每天多少桶测量出产量。水可见可尝，还可以检测出矿化度。唯一不能回答的问题是：水从哪里流入井中？流量测井通过比较井下流量与地面流量，可以确定水流入井眼的位置。井温测井和压力测井通常会组合在同一仪器串上。井温测井可以证实水来自于射孔层而不是别处。如果水的来源有疑问，可以利用脉冲中子仪进行水流分析（在本章后面将讨论这一问题）。

遗憾的是，评价油气产量就不那么简单了。产出的液体非常复杂，而流体在井下的流动就更复杂。油藏在原始状态下——也就是说，压力和温度与发现油田时状态相同。在这种条件下，每桶原油都包含一些溶解气。

取一桶原油，将其油藏条件下的压力和温度值改变为标准的地面条件：14.7psi 和 70 ℉。随着压力和温度降低，溶解气从溶液中分离出，原油体积减小。原油体积改变叫做收缩系数 B_g。根据波义耳气体定律，气体体积随压力变化，也随温度反向变化。在油藏状态下，气体只占一桶原油的一小部分，但是可以增大到 200bbl，气用立方英尺计量，而不是桶。地面气和油的关系叫做气油比（GOR）。

溶解气量可通过在井下采集流体样本得到。PVT（压力/体积/温度）仪在一个小的采样室采集流体样本，在接近油藏条件的采集条件下密封样品（这个过程通常关井，压力和温度尽可能地接近油藏静态条件）。然后样本被送回实验室，测量所采集的油、气样的特征。这个过程能给出准确的 GOR 关系、原油比重、原油体积收缩系数、油气化学成分、油藏泡点压力以及其他油藏工程师感兴趣的数据。如果没有进行

PVT 采样，油气分析仍可从对地面采集的样品进行分析获得。虽然它不如 PVT 测量准确，但基于地面样品分析的 API 图版值，仍能用于确定井下流动条件下的原油密度、GOR 和气密度。

多相流

没有水的气井就像上述讨论的水井一样，只有单相流。如果气井也产水，就是两相流。油井还产气和水，井中是三相流，情况就更加复杂。当出现多于一种流体的相时，必须确定每种相的持率。持率 Y，是每一相的体积百分数。因此，每一相的持率之和必须等于 1 或 100%（$Y_g+Y_o+Y_w=1$）。

当不同密度的流体在同一口井中流动时，密度轻的相比密度重的相流动快。两种流体密度的差造成的速度差叫做滑脱速度。滑脱速度的经验关系式已经使用多年了。但是最近通过对大斜度井（或水平井）的研究，对确定滑脱速度及所有多相流参数有了新认识。

为了准确测量井下三种流体的流速，必须测量每相的速度和数量。为了了解当每相的数量和速度变化时，三个相的特征是如何变化，我们必须首先了解不同的流动类型。

流型是一个专业术语，它描述的是不同相的流体在不同的流速下出现的多种流动类型（图 12-2）。流型的变化是由井斜、相对流速以及流体密度间的差异与变化引起的。流动类型主要由各相的相对流动速度而决定。水和油低速流动时为层流；高速流动时为紊流。如果气液同时流动，随着流体在套管内上升，压力降低，气体膨胀，它的持率 Y_g 连续变化。含溶解气的油在井中流动时，最初油为单相流动，当流动压力低于泡点压力时，气开始以小气泡的形式从液体中分离出来，$Y_o \approx 1$ 且 $Y_g > 0$。这种情况称为泡状流。随着压力继续降低，气体膨胀，形成柱塞流或段塞流，持率发生变化，此时 $Y_o \approx 0.4 \sim 0.5$、$Y_g \approx 0.5 \sim 0.6$，随着压力继续降低，气体不断膨胀，流型从沫状流变为雾状流，$Y_o < 0$ 且 $Y_g \approx 1$。

气水流动的流型与油水流动相似。总流速也会影响流型。如果流速很高，油藏压力低于泡点压力，流型会以段塞流开始，迅速变为雾状流。另一方面，如果流量和地面气产量都很低，流型则可能仍保持在泡状流或段塞流阶段。三相流时，各种流型虽然相似但仍无法完全弄清。

使三相流复杂化的另一个因素是井斜。大斜度井由于增加了重力分异作用因素影响了流型。在一个三相流的水平井中，从理论上说，气体

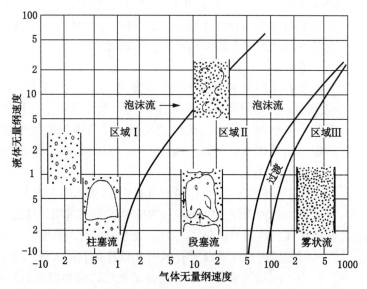

图 12-2　直井中二相流或三相流型
(斯伦贝谢公司提供)

在套管顶层流动，油在套管中部，水沿套管底部流动。实际情况是，紊流常导致三相混合和持率的迅速变化。常见情况是，油或水通常以滴状形式分散到大量的流体中（油包水或水包油）。流体倾向于位于套管低部位，而气体位于高部位。

12.4　生产测井仪器

20 世纪 80 年代的生产测井仪器，受重力分异作用的影响不能准确测量大斜度井的流速。另外，这些老仪器测量的是过套管的平均流速，而不是流量点或小面积的流速。仅仅几年前，常规仪器还只能准确测量两相流体。三相流时，持率可分为持气率和持液率。油和水间滑脱速度只能假设或忽略，基于假设的油、水持率计算平均密度。

过去几年已经研发出了复杂流动条件下的更好的测量方法。新技术和新的测井仪器（表 12-1）对这一问题有更好的解答："产液类型、产液量及产液深度。"

生产测井设备的尺寸满足现在常用的生产油管的尺寸，大多数设备直径是 $1^{11}/_{16}$in，满足油管 2in 的尺寸。

表 12-1　套管井测井仪以及能测量的参数

仪 器	测量项目	测量内容
生产测井仪 DHRO	伽马射线	放射性，裸眼井对比，RA 示踪测井
	接箍定位器	测量套管接箍用于深度控制
	井温	产液造成的井眼温度变化
	流量计	井下流速
	压力计	压力和压力变化
	差示压力计	流体的平均密度
	持率仪	气、油或水所占流体截面百分比或体积
	脉冲中子仪	套管内外的水流
	放射性示踪仪	伽马仪监测含放射性流体的流动
套管检测仪	套管自然电位	电化腐蚀作用引起的电压变化
	声成像仪	套管内径和外径，指示套管腐蚀
	磁漏	由于套管异常如腐蚀和孔洞引起磁通量的变化
	多臂井径仪	几个套管内径的变化
过套管评价仪	GR 能谱	钍、铀、钾的自然放射性百分比
	CNL（补偿中子）	中子孔隙度
	声波	声波孔隙度，需要套管胶结好
	密度	密度孔隙度；特别需要套管胶结好；不大可能测成
	脉冲中子能谱	碳、氧、硅、钙、铁、硫的元素产额；确定含水饱和度和岩性
	脉冲中子衰减率	中子俘获截面，确定含水饱和度和孔隙度

12.4.1 自然伽马／磁定位仪（GR／CCL）

　　自然伽马射线测井和套管接箍定位器，可与以前测量的裸眼井和套管井资料进行相关对比来确定深度。对一口已经生产一段时间，常常是几年的井来说，有时候可以看到辐射最强区——与原来的测井资料相比 GR 值增加的地区。这些辐射最强区来源于富集在套管上的溶解在地层水中的放射性盐类。因此，辐射最强区可指示进水，伽马仪常和放射性示踪仪一同使用。

12.4.2　井温仪

井温仪确定流体进入位置——尤其是气。当气体离开油藏流过射孔孔眼时，压力降低，气体膨胀。气体受绝热膨胀影响导致温度降低。

一个确定套管后流动的方法是关井几天让温度稳定。然后，进行基础温度测井，重新开井进行生产。一系列的井温、流量、流体密度、压力测井在井流动时开始测量。与基础井温测井对比，温度变化可以指示流体是在套管内还是在套管外流动。流量和流体密度可以指示流体流入井眼的位置。

12.4.3　流量计

流量计采用几种不同的技术测量井下流速。当流体流过螺旋桨的叶片时，螺旋桨的 4 到 6 个叶片自旋或旋转。仪器计量出螺旋桨每秒的转数（r/s）。旋转速度与流速成正比。

当解释流量数据时，必须考虑以下几个因素：

(1) 转子流量计测量的是相对于仪器的流动，因此仪器在井内上、下移动的速度必须考虑进去，基于这个原因，测井曲线记录了测井速度。

(2) 根据转子流量计测算流速必须考虑套管的横截面积。通常，套管的内径数据来自厂家发布的数据。如果套管内径是测量出而不是假设的，效果会更好。一些新的流量计包括 X—Y 井径仪——测量互相垂直的两个内径。

(3) 由于流速在套管横截面内不均匀，因此转子流量计必须居中。受流型决定，不同的流动校正系数对应不同的流量剖面，斜井中流速的校正不够准确。

全井眼转子流量计（FBS）是流量计的一种。在油管中测量时，FBS 收缩为小直径。一旦仪器离开油管，井径/扶正器的臂及螺旋桨的叶片张开成大尺寸。井径和扶正器确保仪器位于套管中央。根据套管的尺寸选择转子流量计的叶片，尽可能选择直径最大的转子流量计。4-6 臂井径仪可作为扶正器，保护流量计的叶片不受损害，并记录一条 X—

Y井径曲线（双井径曲线）。

一些新仪器（图12-3），在井径臂上安装电极测量水的持率，并在与转子同一平面的4个点计量气泡的数目。测量流速时，持率的测量显示出套管内流体的分布——在流型快速变化时或者在大斜度井中都非常重要，产液（特别是气）的重力分异极大地影响大斜度井的流型。X—Y井径（双井径）使得横截面积的计算非常准确，可以帮助确定流动和套管损坏。

集流流量计是另一种转子仪（图12-4）。它用了一个类似伞的套筒环绕在扶正器周围，集流下所有流过转子叶片的流体。仪器进入油管时，关闭集流器伞。当仪器位于第一组射孔孔眼之上时，退出油管。打开集流器，与套管壁刚性密封，因而没有流体能

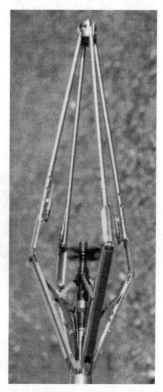

图12-3 带X—Y井径仪的全井眼转子流量计（斯伦贝谢公司提供）
仪器臂上安装有持水率探测器，仪器测量流速和两个方向的套管直径，以及套管4个点的持率

够渗漏，并且在选定井段进行定点测量。然后，关闭集流器，仪器移到另一位置，再次打开集流器，这一过程持续到仪器到达所有流体吸液点之下。集流器在进出油管或在测量点间移动时是可收缩的。

另一种仪器是"连续转子流量计"，它也用旋转的螺旋桨测量流速。这种转子的直径是固定的，并且它很小能适应2in油管。

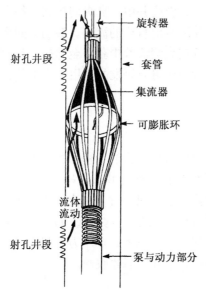

旋转器
射孔井段
套管
集流器
可膨胀环
流体流动
射孔井段
泵与动力部分

图12-4 集流流量计（斯伦贝谢公司提供）

这种仪器通常用于测量油管内的流动，油管内速度很快，而在高流速下产液均一。

所有的转子仪测量流速是一样的。每秒转速的变化与井下流速的变化有关。在大多数情况下，输出的转速校正到 bbl/d 或 cfg/d 为单位的流速。有时候，以总流速百分比的形式表式，例如层 1=10%，层 2=35%，层 3=0%，层 4=55%，在一口注水井中，泵入的总流体准确可知，流体为单相，这个结果很合适。

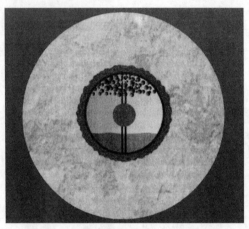

图 12-5　多电容流量计（贝克阿特拉斯公司提供）

到目前为止，转子流量计和示踪仪是测量井下流动的唯一方法。最新的流量计之一是多电容流量计（MCFM），它由贝克阿特拉斯公司和壳牌国际公司 E&P 研制（图 12-5）。MSFM 仪在横跨整个套管的两个翼上各安装有 28 个传感器，翼可从扶正器延伸到套管两侧。在大斜度井中，翼纵向排列。每个传感器可测量出气、油、水的百分比并测量出每相的流速。最明显的优势是可在直井和大斜度井中同时从连续或点测读数中获得全部持率和单独的流速信息。这种仪器是为在输油管中使用而研发的，用于水平井也很合适。

12.4.4　流体压力计

油藏压力、流压、压力梯度信息对石油工程师都有用。流体压力计是非常准确的压力表，通常连接在生产测井仪器串上。结合温度资料，利用采集到的压力数据可计算井下出现的每一种流体的流体密度。在开采时关井一段时间，压力表可获得压力恢复数据。如果只想要压力恢复数据，用钢丝（没有电缆芯的小直径电缆）把压力表与靠电池供电的记录仪下入井中。这个装置留在井下几天后才收回。

12.4.5 差示压力计

流体密度 ρ_f 是能测量出的最重要的参数之一——计算持率和滑脱速度所必需的。由于所用公式中有三个未知数却只能解两个未知数，因此流体密度测量只能确定两相持率。

对于两相持率：

$$1.0 = Y_H + Y_L$$

$$\rho_f = \rho_H Y_H + \rho_L Y_L$$

式中　　H——重质相；

L——轻质相。

对于三相持率：

$$1.0 = Y_w + Y_o + Y_g$$

$$\rho_f = \rho_w Y_w + \rho_o Y_o + \rho_g Y_g$$

水、油、气的密度可以通过手册或 PVT 测量及压力和温度测量一起来确定。

测量 ρ_f 有几种不同的方法。一种最简单的方法是用压力表测量出压力随深度的变化值，再除以深度变化值，然后转化成合适的单位。另一种方法是通过相距较短的固定距离的两个非常灵敏的压力表测量出静水压力差（一些仪器用膜盒测量）；膜盒测量比压力计测量更加灵敏，但是在高流速时必须进行摩擦校正。所有这些仪器都受到大井斜角的不利影响。两个发射探头之间的纵向距离因井斜而减小，因而降低了静水压差。如果井斜角已知，可校正视流体密度。

确定流体密度的一种新方法是应用裸眼井密度测井技术。与常规的裸眼井密度仪一样，自然伽马源发射出低能伽马射线，射线与井眼中的流体相互作用。其测量结果是套管内混合流体的电子密度。根据我们对密度仪的研究可知，电子密度与实际密度成正比，因此测量结果是所出现流体的体积加权的平均密度。由于重力对测量结果不起作用，因此流体密度既可在直井也可在大斜度井中测量得到。唯一的缺点是放射性测量的随机统计衰减率会导致数值变化。

12.4.6　持率仪

测量流体密度是确定持率的传统方法。新技术的发展已经有几种方法可以确定每相流体的体积。持率仪，比如，全井眼流量计上的电子探头或 MCFM 上的电容传感器都可直接测量持率。另外，这些探头可以给出持率在井眼不同区域的分布模式。

探头可通过测量流体电导率的变化计量出气泡的速度和大小。持率分布和计泡点数可有助于确定井眼特定区域的流型。这一信息对斜井尤其重要，斜井中由于井倾斜了一定角度，不同流体的比重结合重力分异作用导致流型非常复杂。MCFM 测井用 28 个不同的探头测量电容。通过解释电容的变化，能确定每相的持率和流速。

新的持气率仪通过消除流体密度公式中的第三个未知数，使得三相持率的计算成为可能。哈里伯顿公司的持气率仪（GHT）利用密度仪来测量气体体积。斯伦贝谢公司的持气率光纤传感仪（GHOST）使用光纤技术来检测和计量液流中的气泡个数或气流中的液滴数。

12.4.7　脉冲中子仪

尽管脉冲中子仪主要是为过套管储层监测而设计的，但对评价生产问题也有一定的作用。中子脉冲激发氧原子核。被激发的氧原子当原子回到中立状态时，依次释放一系列特征伽马射线，仪器 / 探测器探测电路可探测到氧活化产生的伽马射线的能级。氧主要存在于地层和井眼中的水里，因此所设计的探测线路主要受井眼内或井眼附近水的影响。在几个关键位置设置了探测器测量氧原子的活化反应。

这种仪器可确定水的流动是向上、向下、在套管内、还是在套管外。它对检测不希望的水的来源，或确定水流窜槽的位置也很有用。它还能测量持水率。

12.4.8　放射性示踪测井

在某些情况下，放射性（RA）示踪剂测井下井仪是仍然有用的一项老技术。示踪测井经常可确定一些其他方法不能确定的窜槽和套管 / 封隔器渗漏。另外，仪器可测量层间流速。放射性示踪仪主要用于注水井，也可用于生产井。由于是很少量的放射性物质与大量的其他流体混合，地面测量不到放射性增加。含示踪剂液体的半衰期大约是 45天。处理得当的话，放射性示踪测井没有健康危险。但是，如果担心放射性液体的释放或储存，脉冲中子仪在水活化模式下可替代示踪仪。

一个典型的示踪测井，其仪器串通常包括三个 GR 探测器和一个喷射泵。在注水井中，一个 GR 探测器安装在喷射器之上，另两个探测器安装在喷射器之下。喷射泵和 GR 探测器间的距离可以测量并标注在测井图头上，用于计算流速。通常记录仪是在仪器静止时根据时间变化进行记录。因测量喷射液的需要，用一个小泵喷射放射性溶液。通过研究不同伽马探测器的响应监测流体行踪。通常进行 3 ~ 10 次不同的喷射和测井才能完全解决一个问题。

图 12-6 说明了注水井的喷射速度。通过记录放射性流体流过两探测间距离的时间，可计算出流速和流量。RA 示踪仪停留在某一特定深度，记录仪按时间变化记录。喷射示踪液时测井曲线自动记录时间。随着注入持续，示踪液流过安装在发射泵之下的两个探测器。两个探测器间的距离除以示踪液段塞流过探测器的时间，就是流速。流体速度结合流动面积可确定流动速度：

$$Q= [6.995 (D^2-d^2) S] /t$$

式中　　Q——流动速度，bbl/d；

　　　　6.995——转换系数；

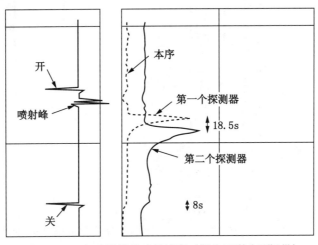

图 12-6　RA 示踪剂的喷射速度（斯伦贝谢公司提供）

D——套管内径，in；

d——仪器外径，in；

S——探测器间间距，in；

t——段塞在探测器间运动的时间，s。

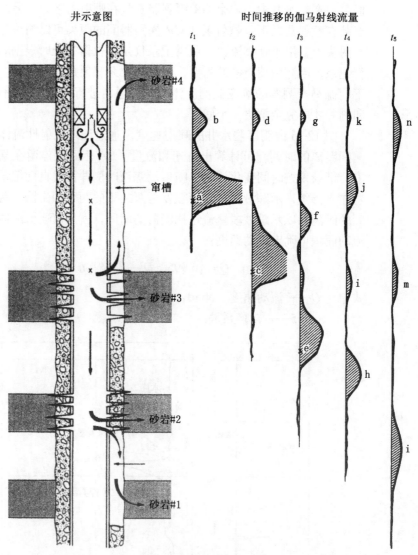

图 12-7　有多个问题的井的时间推移 RA 示踪测井

（斯伦贝谢公司提供）

通常，第一次喷射是在所有射孔孔眼之上以便估算总流速，上探测器（位于喷射器之上）可监测响应信息。如果上探测器可见到示踪液，表明流体向上流动。由于套管内的流动是向下的（在注水井中），逆流只可能来自套管和地层间的窜槽（自然，在生产井中情况相反）。然后仪器下到第一组射孔孔眼之下，继续重复上述过程。如果有多组射孔孔眼，需要几个定点测量来确定注水剖面、渗漏和窜槽。基于静态值得出的结论，喷射一个大的放射性段塞后，然后随仪器一起运动。完成几次定时的测量直到测井曲线不再显示示踪剂段塞。这个过程可重复几次，完全取决于获得的结果。

图 12-7 的测井目的是确定注入液是否进入了地层（第 2 号和第 3 号砂层），还是可能窜槽到到第 1 号或第 4 号砂层。在封隔器以下喷示踪液，测几次单条自然伽马曲线。测第一趟时，套管内仍有段塞流，在 a 点响应最强，b 点响应较弱，其响应来自于封隔器内紊流聚集的放射性。随着段塞向下移动，其路径可检测到。a 点、c 点、e 点、h 点、l 点和 p 点的峰值记录了段塞流在套管内向下移动时的路径。l 点和 p 点的峰值指示第 2 号砂层下面有套管渗漏，第 2 号和第 1 号层之间很可能存在窜槽。f 点、j 点、h 点和 v 点的峰指示第 3 号层窜入了 4 号层。i 点、m 点、q 点的峰指示第 3 号层在吸液。第 2 号砂层显示没有流体流入，只是通过射孔孔眼，沿着环空向下窜入第 1 号层中。

12.5　生产测井实例

图 12-8 是一口气井简单的生产测井曲线。产水量在过去的几个月里持续增加。由于产水造成的流压降低使得产量减少。共有 4 组射孔孔眼在生产，作业者想知道水从哪个深度产出，产水是否可以减少或消除。

全套生产测井项目包括在井流动时测量流量、流体密度、压力和井温。数字显示几乎所有的水都来自底部一组射孔孔眼。用脉冲中子进一步研究后显示水来自于地层而不是窜槽。

作业者决定用过油管桥塞堵住底部射孔孔眼。封堵后，产水几乎消除了。因此，堵住底层后总产气量减小了，流压增高，使得上部地层流速增加。由于不需要处理水，节省了开发成本，使这口井利润更高。

修井作业

一旦生产测井准确地指出 / 或确定问题，必须决定采取一项解决措

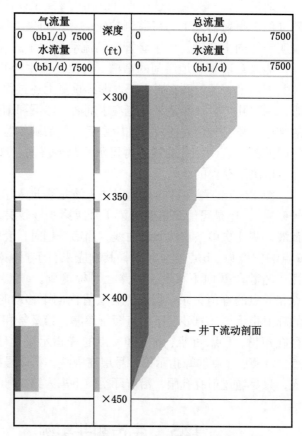

气流量		深度	总流量		
0 (bbl/d) 7500		(ft)	0 (bbl/d)		7500
水流量			水流量		
0 (bbl/d) 7500			0 (bbl/d)		7500

图 12-8　生产测井解释组合图
流量、流体密度、持率和压力组合在一起可清楚地描述井下生产。所有水和 1/3 的气来自底部一组射孔孔眼。封堵住这些孔眼，也消除了产水

施或一连串行动。通常解决每一个生产问题，都有几个可供选择的方案。方案最多，花费最高的是：先下修井作业机、压井、起油管、钻穿封隔器；再挤堵射孔孔眼，下桥塞，或采用一切认为必要的解决问题的措施；然后，使井回到原来状态。显然，完整的修井作业是非常昂贵的选择。

　　其他方案是通过已有油管用挠性管或钢丝绞车来完成工作。这两种选择都很成功，并且比修井经济得多。以下是一些可用电缆完成的作业：

　　（1）回堵作业——过油管下新桥塞并安装在套管上。水泥经常堆积

在桥塞上以增强桥塞强度。

（2）套管修补——在套管内重新加一个套筒以封堵射孔孔眼或渗漏处。

（3）再次射孔——打开新层，增加层内射孔数。

12.6 套管检测仪

套管和油管易受到几类腐蚀。产 H_2S 或 CO_2 的井极易腐蚀，因为这些气体溶于水后会形成酸。这种化学损害只是腐蚀的一种形式。不同类的金属放入电解质（例如盐水）中会经受电化学腐蚀。杂质，甚至金属内的不同组分也会形成腐蚀电池。其他的腐蚀机制比如：应力腐蚀和氢蚀致脆变会加重套管的损害。井开采的时间越长，发生某种类型腐蚀的可能性越大。给套管加压处理时，腐蚀可导致套管泄漏，套管胀裂，或套管断裂及套管变形。

一种减少或消除腐蚀的方法是采用阴极保护系统（图 12-9）。当电化腐蚀发生时会产生电流回路。电流流出套管之处，就是金属腐蚀之处，而电流返回套管之处，有金属覆盖。井中发生腐蚀的部分为阳极，电流返回部分是阴极。如果对套管施加极性或方向相反的外部电流，腐蚀就能避免。当然了，问题是施加多大的电流。阴极保护系统效果很好，但安装和操作都很费钱。

另一个防止腐蚀的办法是使用化学缓蚀剂，通常用于注水或污水处

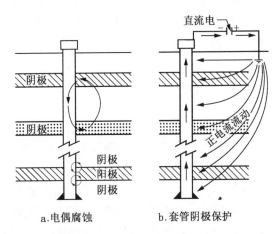

a.电偶腐蚀   b.套管阴极保护

图 12-9　使用阴极保护前后电化腐蚀情况（斯伦贝谢公司提供）

理井。注入水中不断地加入缓蚀剂。化学物质很昂贵，通过反复实验可确定其使用量。测井曲线能用于日常监测井中腐蚀的出现及其程度，还有助于确定化学物质处理的有效性。

12.6.1 套管井电位剖面测井仪

为了确定电偶腐蚀电池在井中是否有效，可以测量自然电位。套管自然电位仪测量与套管接触的几组电极间的电位差。测井曲线显示哪部分套管正在被来自套管的电流腐蚀。这些测量可优化阴极保护系统，以便确保没有比需要更多的反向电流流动来保持所测量的电位的平衡。

12.6.2 声成像测井仪

现在大多数套管检测测井是用声成像测井仪如 CAST—V、UCI 或 PET（详见第 11 章）测量的。旋转换能器发出的高频信号的波长比套管壁厚小得多。仪器在测量范围内连续记录仪器内径、外径和套管厚度。这种测井曲线，是一种显示套管内壁情况的图像，可提供直径和厚度信息；可探测到小至 0.25in 的井眼。套管内径测量的精度是 ±0.008in，套管厚度测量的精度约为 2%。

这种仪器的长处在于其细节和准确性，尤其是根据套管外部损害了解其内部损害的能力。图 12-10 的 UCI 测井显示很容易探测到严重的腐蚀，甚至是一个洞。声波测井仪的一个缺点是井内必须有液体，声能才能传到套管内并返回。

12.6.3 漏磁检测仪

漏磁检测仪有 8 至 12 个极板，这取决于套管尺寸，紧贴套管表面测量由于套管质量变化引起的磁通量异常。居中安置的电磁铁在套管内产生低频磁场。用高频涡流加低频信号，在有气或液体的环境下可测量出小到 0.2in 的坑洞。这种仪器用于检测输油管和油、气井中的套管。

这种仪器的一个解释问题是区分腐蚀和通孔。图 12-11 表明 3596 ～ 3530ft 是腐蚀区，腐蚀是否完全穿透套管还不是很清楚。或许由 RA 示踪测量得到的其他信息可用于证实穿透孔。

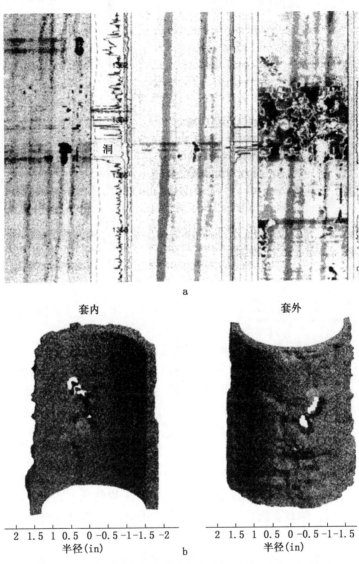

图 12-10　超声成像仪探测出洞和严重腐蚀，图 a 是 Word
Hole 显示的测井曲线的 3D 图像（斯伦贝谢公司提供）

12.6.4　多臂井径仪

多臂井径仪可准确测量内径的变化。仪器有 16 至 80 个臂，取决于

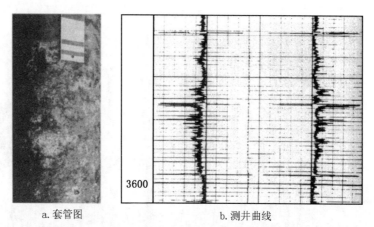

a. 套管图   b. 测井曲线

图 12-11　套管磁漏检测测井曲线（斯伦贝谢公司提供）

套管内径。井径仪对直径 0.004in 的变化都很灵敏。与声波仪相比，它的一个优点是可在任何井眼流体中测量，即使是天然气或空气。

12.6.5　修井作业

严重的套管腐蚀难以修复，尤其是对电缆作业。如果只是腐蚀一小段，套管修补有时能起作用，可打水泥桥塞隔离腐蚀的低部位。修补严重的腐蚀问题通常需要修井作业机，有时候也只能封堵报废井。

12.7　过套管地层评价仪

可能要提出这样一个问题："已经用裸眼井资料评价过地层了，为什么还需要过套管地层评价测井？"当油藏正在开发或进入二级采油期时，油藏监测代表了对过套管评价的最大需要。开发油藏时，通过观察含水饱和度、孔隙度、岩性如何变化及变化范围，采油工程师会最大限度地使采收率最大化。过套管评价地层的另一个原因是老井：许多老井可能还有最初钻井时裸眼井资料没有发现的产层。偶尔还会有些井由于井眼条件差而没有进行裸眼井测井。

套管井获得的信息几乎与裸眼井资料一样。许多裸眼测井仪同样适用于套管井环境。但是，在一定程度上，套管几乎都会一直影响测量。例如，对放射性测井，套管的钢厚度会降低地层的计数率，这会使测量的统计变化或不确定性增加。

多数过套管评价仪依靠一些类型的中子测量，因此在讨论可用的测量和完成测量的仪器之前，熟悉一下核物理知识。

12.7.1 核物理学和过套管测井仪

今天测井中用到的中子的最高能量约为 14MeV(14000000 电子伏特)，这些是快中子。慢中子能级约为 1000eV，超热中子约为 1eV，热中子约为 1/40eV。中子通过与已有元素相互作用产生弹性散射、非弹性散射，直到吸收（或称为俘获）。这些反应降低了中子的能量直到它们通过扩射消失在周围环境中。

中子最初是弹性反应（详见第 6 章核反应的讨论）。由于氢原子的质量和中子基本相同，氢原子对中子减速的影响最重要。由于氢原子主要存在于地层流体中，而地层流体主要存在于孔隙空间中，快中子减速到较低能量的速率与孔隙度成正比。显然，套管中的流体也充满了氢原子，但是通过仪器电路设计可去掉这种信号的影响。

当一个快中子碰撞、失稳或激发一个原子时，产生中子非弹性散射。中子要比弹性散射减速更多，但仍然在运动，产生其他低能的相互作用。被激发后的原子通过释放非弹性伽马射线返回到稳定状态。每个元素的伽马射线都有一个特征能级谱。通过在不同时间测量能级与计数率比，可将非弹性散射与其他反应（如俘获事件）相分离。通过非中子弹性散射可确定碳氧比，碳氧比可用于导出独立于地层水矿化度的含水饱和度。由于水中无碳而油、气中无氧，比值的作用就显而易见了。

当中子能量衰减到热中子级别时，它们被原子核俘获。原子受到激发并释放出俘获伽马射线来消除多余的能量。通过在俘获伽马射线范围内测量伽马射线能谱，可测量到每个可能含有的元素的数量。将测量出的探测器的响应与响应库的值以及计算出的每个元素的可能产额进行比较，可以确定硅、钙、氯、氢、硫和铁的产额或数量。

硅存在于砂岩和泥岩中，钙存在于灰岩和白云岩中，而氯存在于地层水和泥质束缚水中，氢则存在于油和水中，而硫和铁存在于泥岩和其他一些矿物中。不同元素的产额可用于确定岩性及改进用 C/O 值计算含水饱和度。

通过记录地层吸收或俘获热中子的速率，可测量一个叫做宏观俘获截面 Σ 的地层参数。原子俘获热中子后释放出俘获伽马射线。俘获伽马射线总计数率与时间的半对数刻度图显示出计数率呈指数递减或衰减。衰减率与地层宏观俘获截面——地层特性如密度或电阻率成正比。如果地层水矿化度已知并且在 35000mg/L 以上，可用宏观俘获截面计算含水饱和度。

地层存在的自然伽马射线主要是铀、钍和钾同位素 K^{40}，这三种元素与某些矿物有关。通过确定这三种放射性元素的相对含量，可以更准确地确定泥岩体积。另外，这个数据结合产额能谱信息可更准确地识别岩性。

由于更新、更小、更好的探测器晶体的研发，进行核测量就有了可能（这类晶体有着生僻的名定比如掺铈钇硅酸和锗酸铋）。另外，计算机是新技术的核心部分。没有计算机将仪器响应与元素库进行比较并计算出一个最佳拟合解，现代测井技术也无法投入应用。

现在，我们对放射性仪器如何响应地层有了一定的了解。让我们讨论一下能够用于过套管测井的仪器及每种仪器的测量结果。前面讨论的几种仪器同样常用于裸眼井测井程序。

12.7.2 伽马能谱

自然伽马能谱仪及老式的总自然伽马仪都可用于套管井地层评价。与裸眼井评价一样，自然伽马测井能指示泥质含量。套管使伽马绝对值降低，由于计数率较低，统计起伏变化增加。其结果是测量值的统计误差或不确定性增大。不管怎么说，结合其他曲线如铀、钍、钾曲线可确定岩性。

12.7.3 补偿中子测井

补偿中子测井通常用于确定裸眼井孔隙度。但也同样适用套管井。计算机可补偿套管和水泥的影响。老井可能测量过老式的中子，但本质上它是定性的而不是定量的。孔隙度小于 10% 时，老式中子的响应几乎是线性的，大于 10% 时，响应被压缩了。套管影响和其他环境校正很难确定。中子仪受泥岩和含气地层的影响，泥质存在使视中子孔隙度增加，含气使视孔隙度降低。

12.7.4 声波仪

如果水泥和地层及套管胶结都好，声速测量可完成——计算孔隙度、合成地震记录，地震校验炮、其他地震／声波测量。由于气层的声波孔隙度极高而中子孔隙度极低，因此声波孔隙度与中子孔隙度结合可指示气层。孔隙度值必须经过泥质校正，这与裸眼井解释时一样。

12.7.5 密度仪

如果水泥胶结得特别好的话，密度仪有时能过套管测量孔隙度。套管阻止了光电效应的测量，因此只能用孔隙度，并且此孔隙度必须根据裸眼井的解释结果来校正。中子密度交会孔隙度当然是最理想的。由于气层的中子值极低而密度值稍高，因此密度中子孔隙度比较结果可指示地层含气，也能估算声波孔隙度和岩性。不幸的是，井眼条件很少能满足测量有效的密度值。

12.7.6 脉冲中子频谱仪

现在新一代脉冲中子能谱仪是套管井地层评价的支柱。这些仪器结合改进的探测器和解释软件，根据不依赖于地层水矿化度的 C/O 比值可确定含水饱和度。根据硅、钙、铁、硫、氯、氢的元素产额可测定岩性和孔隙度。当地层水矿化度足够高时，可测量地层宏观俘获截面来确定含水饱和度。

脉冲中子仪有几种不同的尺寸。老式仪器直径约为 $3^3/_8$in，可下入套管但不能下入油管。新式仪器小得多并且可通过 $2^1/_2$in 和较粗的油管。对于 2in 油管，$1^{11}/_{16}$inC/O 比测井仪稍微降低了可用功率。

12.7.7 脉冲中子衰减仪

衰减率可测量宏观俘获截面和中子孔隙度。利用不同的门限和计时系统可降低统计起伏，改善宏观俘获截面的测量。如果地层水矿化度足够高（约 35000mg/L），宏观俘获截面可用于计算含水饱和度。这些仍在应用的老式仪器（过 2in 油管的 $1^{11}/_{16}$in 仪器），大部分已经被频谱测量仪所取代。另外，只测量宏观俘获截面和中子孔隙度的脉冲中子仪可用于较小油管。如果地层水的矿化度足够高，宏观俘获截面可最终确定含水孔隙度。

最新式的脉冲中子仪可与生产测井仪一起用于产液井或注水井。通过"氧活化"过程，这些仪器可测量套管内外水的流动。中子脉冲可活化中子发生器附近水中的氧原子。当中子发生器停止发射脉冲时，被活化的一小段水流流过一个或更多安装在仪器串上的探头。仪器可直接测量出在套管内流动的水的体积或水的持率。通过分别屏蔽的单个探头，仪器可确定水是否在套管内流动。在有利的条件下，也可测量持油率。

12.8　油藏监测

油田或油藏开始开发后，一些参数会发生变化而另一些参数仍保持不变。显然，随着油藏压力下降，储层中的油气含量也会下降，含水饱和度会增加，产水量也会增加。如果油田进入二次或三次采油期，原生地层水的矿化度会产生变化，在油藏各部分之间也会有所不同。由于渗透率在一个层内会有变化，不是所有的油藏都有相同的开采速度。渗透率的变化会导致一些问题：比如过早见水，油气漏失或无法产出。当发现诸如此类问题之后，采取补救措施可使油藏以最有效和经济的方式进行开采。

过套管地层评价监测测井可以监测油藏以及开采油藏的过程。有时在一口井投产之后，再进行测井可建立一组套管井基础参数。以后将油藏监测测井与基础测井曲线相比较，以确定一口井或油田的生产状态。通常的情况是，如果条件允许，在套管井中测量裸眼井测井项目如：补偿中子、声波或密度，将这些曲线校正到与裸眼井一致。

接下来，进行碳氧比和元素产额能谱测井，并使含水饱和度和岩性与裸眼井测井曲线一致。为监测油藏或注水动态，按惯例每隔几年测一次碳氧比。通常大油田才做这样的项目，生产收入的增加和作业成本的节省可从经济上证实监测效果。在油田中通常会选几口井作为监测井而不是监测油田的每一口井。

举一个如何使用油藏监测测井的例子，如图 12-12 所示。油田有口正在注水开发的井，由于已采出大部分油，油田的产水量非常高。进行监测测井以确定是否有漏失了还可以进行射孔来提高原油产量的油层。关井几周后进行碳氧比测井。

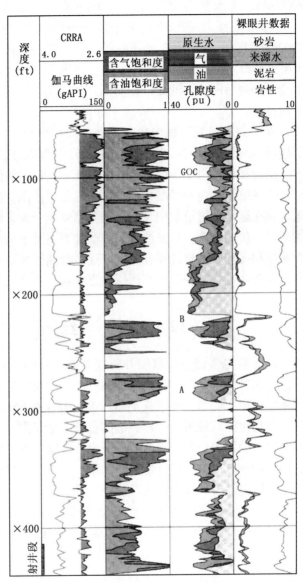

图 12-12　油藏监测测井用于在注水开发时寻找漏
失油层（斯伦贝谢公司提供）

层 A 作为再次完井时最有利的勘探目标

　　基于裸眼井曲线和其他信息，操作员选定了 B 层。油藏饱和度
仪指示 A 层是最有可能通过射孔提高产量的层，但是也显示 B 层比
A 层的水和气饱和度高。因此对 B 层射孔，几周后，产油量稳定在

200bbl/d，含水率为 95%（产水 4000bbl/d）。然后再射开 A 层与 B 层一起合采，稳定后的产油量增加为 600bbl/d，含水率为 90%（产水6000bbl/d）。以后的生产测井曲线显示产出的大部分油、气来自 A 层，B 层主要产水含一些油。由于这是个注水项目，注水井中大部分产出的水经过处理后回注入油藏。监测测井测完几天后就因原油产量增加得到了回报。

许多油田已经开发多年，在此期间，作为一门学科，采油和油藏工程已经从新生迈向了成熟。在原油开采早期，人们对油藏性能知之甚少。油田和油藏由于不合理开采受损严重，许多油仍未采出来，天然气被燃烧或放喷。为开采漏失的油层，进行了注水、注气、注火等多种尝试，但在这个学习过程中又犯了很多错误。今天，许多老井又成为过套管地层评价的首选。新型油藏监测测井能不受地层水矿化度影响，测量含水饱和度和确定岩性和孔隙度，还经常能够发现漏失的产层。为重新开发老井而进行勘探要比钻预探井更成功，并且也更节省。

12.9　总　　结

从无数电影记录的自喷井时代开始，石油行业已经经历了多次变化。这些变化中就不乏电缆测井的产生与发展。从一个用干电池供电的简单的电阻率测量，到现在测量深度一般都在 6m 以上，具有与发射到月球和现代医院使用的一样尖端的设备。这些测量仍包括电阻率，但实际上已扩展到每一种物理参数——声波速度、电子密度、对强磁场或各种辐射的响应。为了更好地了解油藏，需要更多更好的信息，测井工业将继续提供仪器和技术以获得那些信息。

在第 1 章里我们提出这样一个问题："为什么要测井？"在其后面的章节中一直在回答这个问题，其实最简单的答案就是为了获取信息。

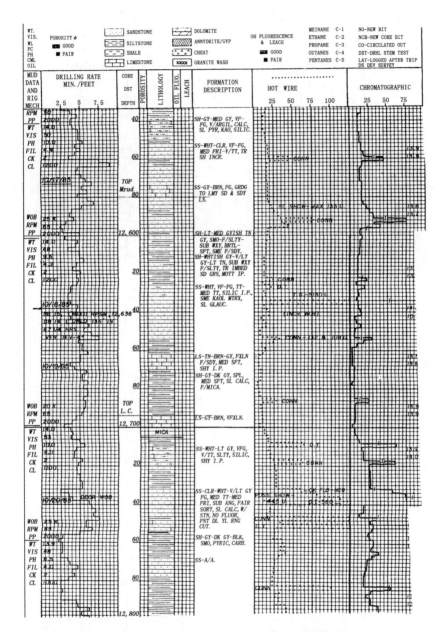

附图 1　Morrow 组和下 Cuningham 组录井图

注意 Morrow 组顶和下 Cuningham 组随后有气显示

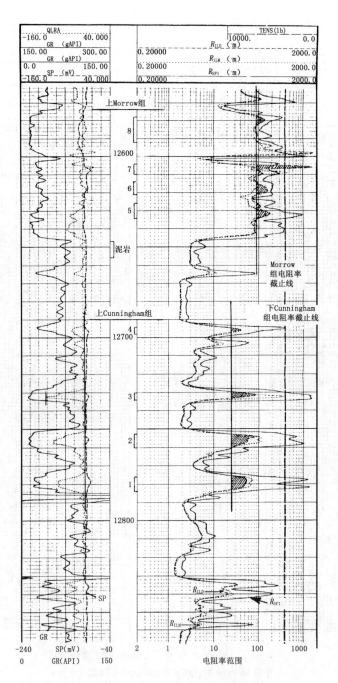

附图 2　一口井的双感应测井曲线实例

注意 Morrow 组和下 Cuningham 组的电阻率截止值

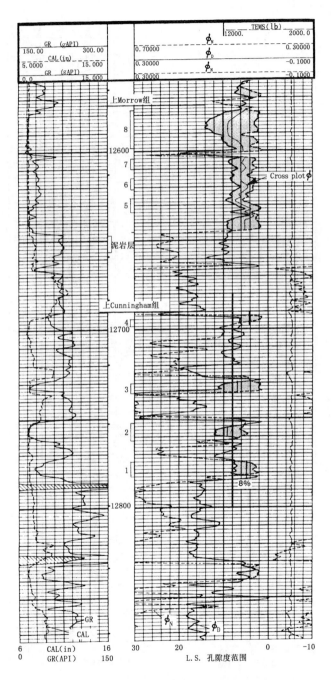

附图 3　一口井的补偿中子—密度测井曲线实例
注意孔隙度截止值和测井曲线上标出的交会图孔隙度

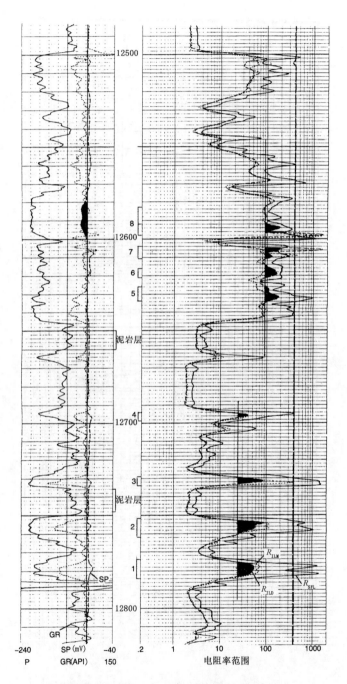

附图 4　Sargeant 1−5 井的双感应测井曲线

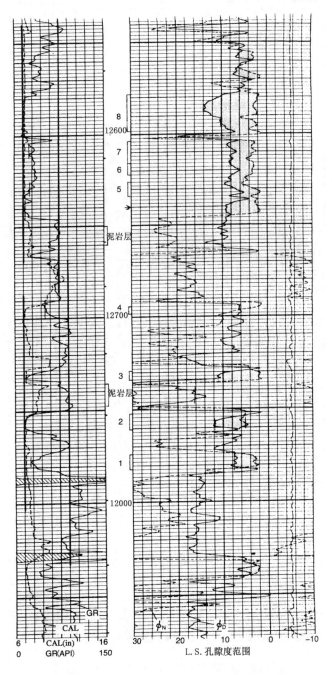

附图 5　Sargeant 1–5 井的中子—密度孔隙度测井曲线

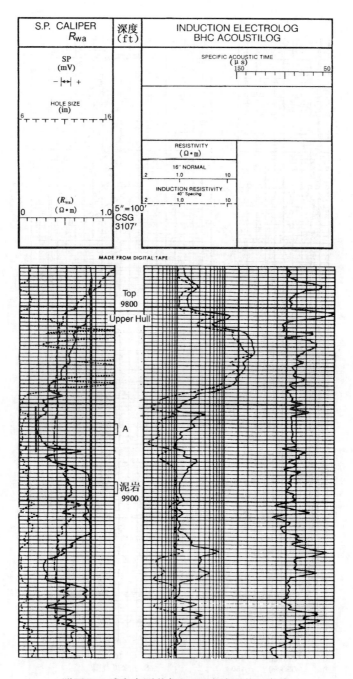

附图 6　感应电测井与 BHC 声波测井、自然
电位和井径曲线的组合

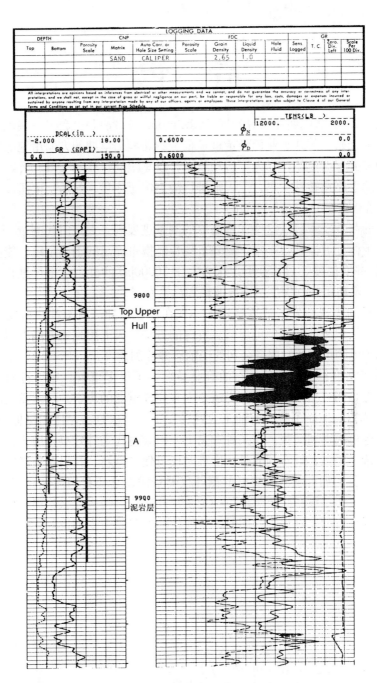

附图 7　补偿中子—密度孔隙度测井
与伽马和井径曲线

后　记

　　自从 1927 年法国两兄弟在法国 Pechelbronn 一口油井中利用一些电子仪器完成电子测量开始，测井工业已经走过了很长的路程。早期的人们用绝缘胶布缠电话线作为测井车的电缆，靠人工转动绞车，绞车滚筒每转动一圈，铃响一次。铃声一响，助手停止转动绞车，工程师进行静态电压测量，然后把电压转化为电阻率并记录在图上，这就是最初的测井。

　　精密的测井技术已从这些非常简单的测量进展到了太空时代测量，现在光谱测量和井下微处理器都很平常。测井车现在能携带充足的钢制电缆，能测量接近6m 深的，井底温度超过 450 ℉，压力大于 20000psi 的井。几乎可进行 100 种不同的测量，从电阻率到深度、声波波幅和渗透率。

　　计算机的出现引发了数据量爆炸，现在仍在增加。每天都在研发更多的处理、显示、认识测井曲线中可用信息资源的方法。人能想到哪就能发展到哪——或许用你的电脑正在通知服务公司的电脑有井要测。

　　自从完成第一个版本后，石油行业又发生了很多事情。尽管石油公司与测井公司的电脑间可相互交流，可仍需要人来完成重要的决定。面对重大困难所激发的聪明才智与不屈不挠，石油工业经受住了又一次打击，比如每桶 10 美元的油价，如今再次得到回报。在某种意义上，困难时代是件好事，因为它能使人远离软弱，选择坚强。最有利的是，困难时代可促进创新，找出解决老问题的新办法。今天，我们拥有新式和更好的测井仪器资源，它使我们能在比 10 年前更复杂的环境下工作。没有必要想象下一个十年能给我们带来什么？但你可打赌肯定会比我们现在有的要好得多。同时，就像他们在路易斯安那说的：让好时代滚滚向前吧！